この本はFSaにより出版された。
その理由は?

FSa

FSaとは、ベルギーにある
文化遺産としての自動車や
モーターサイクルのための財団法人である。

FSaの目的は、ベルギーにおいてベルギー製の自動車やモーターサイクルを文化遺産として認識させ保存するための啓蒙活動を行っていくことである。

文化遺産という言葉は、自動車だけではなく、自動車関連のコレクションの対象となる物、つまり書類や書籍、美術品、広告物、映画やポスター等も広く含めるものである。

とりわけFSaはこの活動の領域において歴史的、芸術的、技術的な情報を広げるための本の出版を援助している。

私達のことや活動に関してのさらなる情報が必要ならば、どうか連絡を取っていただきたい。

FSa
c/o Fondation Roi Baudouin
rue Bréderode, 21
1000 Bruxelles

Tel: +32 2 511 18 40
e-mail : allard.d@kbs-frb.be

Paul Frère

著者
セルジュ・デュボア

レイアウト
セルジュ・デュボア

序文
ピエール・デュドネ

英語版翻訳
デヴィッド・ウォルドロン

原著出版
FSa

日本語版翻訳
宮野 滋

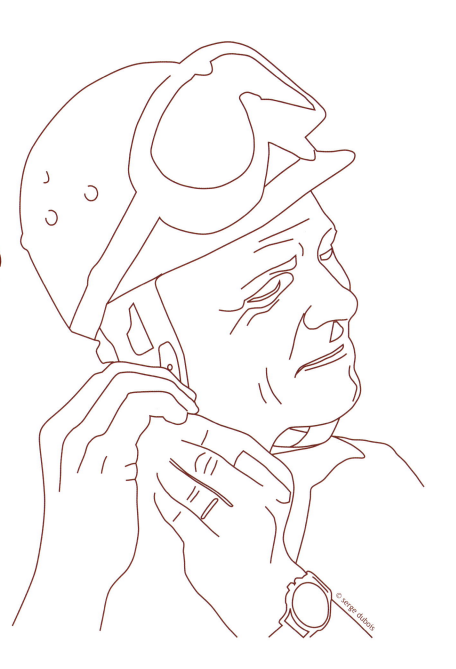

Foreword 【序文】

ポール・フレールは人生において20冊以上の本を書き上げ、世界中の自動車雑誌に数千もの記事を発表した。しかし、自動車の世界において、傑出した人物のひとりである彼のことを書いた者はまだ誰もいなかった。このことを鑑みて私は、彼への本当の敬意を払うために、ギャップを埋めたいとの思いで決意を固めた。彼の人生において節目となる時をさかのぼって並外れて非凡な個性を持った彼の生涯と、仕事を彩る興味深く面白いすべてのストーリーの徹底的な調査を始めた。

私は、彼を知り、彼と共に働き、彼と共に運転し、彼と共に生きた多くの人々と話し合った。彼らは、彼の自動車に対する情熱は強烈であり、この分野における能力は世界的に認知されており、失敗には寛容で親切だったという3つの点については皆が口を揃えて同感であると語った。そして、彼は晩年に2回も酷い事故にあったにもかかわらず百歳を越えても生きようとする元気と活力を最後まで持っていたのである。

この本に収められた彼の人生を追った500枚もの写真は、単なるスナップショットではない。それぞれの写真の中の写っている人物や被写体には、それぞれの物語があるし、言葉で説明するには長い時間を必要とする微妙なノスタルジーを感じさせる雰囲気を持っている。情熱はいつも幸福を生み出すものだが、瞬間であっても写真を見ることで、彼と幸福な時を共有する喜びを広げてくれる。私たちは、彼の誠実な微笑みや輝く眼を見ることができなくて、とても寂しく思うのである。

セルジュ・デュボア

Paul Frere Obituary on RTL News

Belgian News Channel La Une on day of Paul Frere's death

© André Van Bever - 1956

ジャック・イクスによる序文

ジャリック社より1961年に出版されたポール・フレール著の『レースは続く』という本のために書かれたジャック・イクスによる序文

モータージャーナリストたちの中で、実際にレース活動をしたのは極めて数が少ないし、そのことは彼らの職業にとって栄誉である。そして、ジャーナリストでありドライバーである人にとって記すべき成功を得たというのは、非常な栄誉である。

ポール・フレールは、フォーミュラ1グランプリでレースをした、ただ1人のベルギー人であるが、ただ単にフォーミュラ1に参戦したというだけではなく、ベストのドライバーたちと戦いを繰り広げることをやすやすとやってのけた。特にベルギーのスポーツ関係者は、母国でのグランプリレースに同じ国の1人が2位で走っているのを見せつけられたということでジャーナリストのポール・フレールに大きな借りがあるはずだ。それは1956年のことで、優勝したのはわずかの差でピーター・コリンズだった。しかし、直前に参戦することが決まり、事前にテストもできなかったフレールに栄冠を与えるべきであろう。

ベルギーのモータースポーツは、カミーユ・ジェナッツィやピエール・ド・クローエーが成し遂げた偉大な伝統を引き継ぐドライバーが出てくるまでに50年間待たねばならなかったし、ポール・フレールは、それをやった男だった。私は、何度も述べてきたが、もし彼が、できるときにレースができれば幸福だったと考える代わりに、レーシングドライバーになりたいと思えば、モータースポーツの世界には、ハイスピードでドライブすることが極めて自然にできる第二のファンジオが生まれただろう。彼のキャリアにおいて、最も驚くべきことは、彼はモータージャーナリスト以上になりたいとは決して思わず、レースの世界の死の女神セイレーンの声を聞こうとしなかったことだ。モーターレースの世界の中で、何が起きているかを見ることができた偏見を持たない観察者であったため、ときには垣根を越えてレースに参加するのを止めたのである。

多分、彼は普通の自動車に対しても真の愛情を持っていたはずだ。彼がル・マン24時間レースで優勝したフェラーリを運転するのと同じ喜びを、2CVを上手く運転することに見出していたということを私は知っている。

こうして、彼は残酷な運命から逃れてきた。彼はレーシングドライバーであり続ける必要はなかった。モータースポーツのチャンピオンの中で十指に入る最高の賞賛を得る所まで登りつめたが、正しい時に正しいやり方でヘルメットを脱ぐことができたのだ。だから今日において私たちは彼のレースの記憶に関して読むことができるのである。

レースの世界の探求者として、ジャーナリストとして、彼は数多くのさまざまな役割を果たしてきた。ポール・フレールは、モータースポーツのあらゆる分野に参加し、輝いたかとおもえば、次の分野に移っていった。それが、前にやったことより高いレベルのことをやったかどうかを心配する必要もなかった。いろいろな形のモータースポーツが、これからあなたが読もうとする本の中には登場するが、「レースは続く」というタイトルは、それぞれのレースのエキスパートたちが読者に与えるインパクトを完璧に表現している。

Preface

　私は、ポール・フレールに捧げられたこの本の巻頭を飾る文を書くという特権に深く感動している。加えるに、彼は世代で隔てられていたにもかかわらず私たちの人生に多くのリンクを張ってくれたという事実において賞賛されていたことを再確認させてくれたことを確信した。私は、この本の著者であるセルジュ・デュボアに感謝したい。この本を書くアイデアを持った彼は、本の中のひとつの章を書く際に私に対して最も印象的な記憶に関して話すように依頼してくれたからだ。

　ポール・フレールが打ち立てたレーシングドライバーにして傑出したジャーナリストという生き方は、若い人たちの何人かに上品さと才能を持って彼がたどった道の後を追い生業とすることを決心させた。ポールは、自動車をテストするとき、どのように運転して自動車工学的な視点でどう理解するかを知っている比類のない名人だった。長い人生にわたって彼が愛したこの仕事におけるほとんどのことは例外的であった。私が、彼と会って楽しい時を過した最後から2番目となったとき、私は、彼が褪せることなき熱心さを持って新型のマセラッティをイタリア国境に近いアルプ＝マリティーム県の山岳地帯の道でテストするために出かけるのを見た。彼は、そのとき90歳だった。

　彼の身体は年齢と数回の事故により、もうぎりぎりまで疲れ切っていたのは明らかだったが、彼の精神の明晰さと自動車に対して持っていた熱烈な興味は、1年も経たずに彼が最後の息をするまで保たれていた。

　彼が亡くなる数日前、私たちはお互いにそれが最後の会合であることを充分に感じていた。彼は、ル・マン24時間レースの開催者に対して、技術的なさらなる進歩を目指すために規則を変更するように手紙を送ったことをもう一度私に話してくれた。

　もし、ポール・フレールの名前が、貿易や販売や産業的な面でグローバル化する前に自動車の世界で世界的な名声を勝ち得ていたら、俳優のように特権的な立場で自動車の世紀と呼ばれた時代の証人として充分に幸福だっただろう。

　彼は、ガソリンエンジン自動車が小規模な製造業から連続的な大量生産を行う産業へと進化する時代に生れた。そして21世紀の始まりまでの栄光の革新の時代を生きた。

　彼の母国語であるフランス語と同じように英語でもドイツ語でもイタリア語でも文章を書くことができ、運転もできた。この2つの才能が、1人の人間に兼ね備わることはそれほど多くはないが、彼はさらに物事を明確に理解し説明する正しい技術的な知識をも持っていた。

　この本は、尋常ではない活動が消すことのできない記録として残されたポール・フレールへの敬意を払うためだけではなく、ページを読み進めるうちに読者に文章や図譜によって長く素晴らしい人生をフルスロットルで駆け抜けた夢のように楽しいしばしの時を与えてくれるのだ。

ピエール・デュドネによる序文

ジャーナリスト、元レーシングドライバー、現Wレーシングチームのチームマネージャー。

目次

第1部 1917年〜1940年 若きとき

| 第1章 | フレール家の人々 | page 8 |

第2部 1935年〜1960年 ドライバーとしての日々

第2章	自動車レースとの最初の出会い	page 14
第3章	飛翔のとき、1950年から1952年	page 20
第4章	ポールは自分の名を上げた	page 24
第5章	ミッレミリア、最初の挑戦	page 28
第6章	偉大なドライバーたちの中で	page 32
第7章	スタードライバーの仲間入り	page 47
第8章	悲劇、1955年ル・マン24時間レース	page 59
第9章	栄光との出会い	page 74
第10章	1956年ベルギーグランプリ	page 82
第11章	聖杯を探す旅	page 90
第12章	1960年ル・マン24時間レース	page 140
第13章	ポールのスピード記録への挑戦	page 174

第3部 ジャーナリストとしての日々

| 第14章 | テスト、著述、そして過ぎ行く日々 | page 181 |
| 第15章 | 自分で所有した車 | page 199 |

第4部 賛辞 .... page 204

Cover photo by : André Van Bever © Nicole Englebert
1955 : Start of the Series Production Cars Grand Prix at Francorchamps (sports category). Paul Frère is at the wheel of an Aston Martin DB3S.

Introduction

　この本の目的とするのは、さほど遠くない過去に、あるひとりの男が幅広い活躍をなし遂げたことに、若い世代を注目させることがすべてであると言ってよい。

　ポール・フレールは、多くのレースに参戦し、何千という記事と多くの本をいくつもの言語で書き、世界を回って、五大陸の多くの人々と会い、何百台もの車の挙動を分析しながら、3人の子供たちを持つ家庭を成した。彼の忍耐、彼の技術、そして彼の好奇心に感謝するべきであろう。

　ポールをよく知る人たちから受け取った賛辞を要約すると、彼は必要なことをシンプルに伝える以上のことを行った最高のジャーナリストだった。彼は、技術に対して飽くことなき探究心を持って解析し消化して、情報を探している読者や視聴者のために噛み砕いて分かりやすい言葉に変えたのだ。

　自動車は、いつも単なる移動の手段であったが、持ち主を社会的に認知させてくれたり、スポーツを行うように振る舞わせる夢の乗り物だった。ポールが、ドライバーやジャーナリストとしての素晴らしい体験から得たのは、象徴的な価値であった。

　何百台もの自動車をテストすることによって、彼は何を証明したかったのだろう？　私たちの社会の発展は、自動車の世界と密接に関係している。自動車のレースは、動物が本来持つ闘争心の一部であろうし、ブガッティ時代のデザインは、アートの世界への入り口であった。端的に言うと、ポールは自分なりのやり方で自動車というものを、世界を捉える本当の魂を与える物として見ていたのだ。

第1部
Youth
若きとき

1917 - 1940

第1章: フレール家の人々
2003年の終わりに書かれたポールの弟のジャン・フレールの文章からの抜粋。

私の父、モーリス・フレールは、商業工学を学んでいたソルヴェ大学でロベール・シンプと友達になった。モーリスは、グルーネンダールにあったロベールの家を頻繁に訪れ、そこで1892年に生れた末の妹のジャルメーンと知り合った。2人は、1914年7月14日に結婚したのだが、それは、8月4日に勃発した大戦でのベルギー侵攻の3週間前のことだった。

私の父は、市民防衛隊の隊員で、実際はあまり役に立たない準軍事訓練を受けていた。父は、海岸へ退却せよとの命令を受けたときに夜会服のズボンをはいていたので行軍には適してはいなかった。ジャルメーンは、フィーラールトにいた。夜会服のズボンを履いた父がダンケルクに着くと部隊は解散するように命じられ、そこから脱出するようにといくらかの現金を支給された。

モーリス・フレール

父は、当時流行っていた赤痢にかかり苦しんだ。そのとき父は、友人のガエターノ・ファッチを思い出した。ファッチは、おチビちゃんたちと呼ばれていた2人のイタリア人姉妹の叔父だった。彼女たちは、2人ともドイツ語を学ぶためにハンブルクに行っていたのだが、その友情は1912年に始まっていた。父は、イタリアのブレシアにあったファッチ家を訪ね、そこで面倒をみてもらった(イタリアは、1915年まで大戦に参戦しなかった)。彼女たちはその後長年にわたってポールとその家族を歓迎してくれた。

ソルヴェ大学商業学部の創立者だったエミール・ワックスワイラーは、父と年上のフェルナン・ファンランゲホーヴァをアシスタントとして雇った。イーペル、デ・パンヌ、そしてフランス国内のル・アーブルに避難していたベルギー政府は、ワックスワイラーを信用して、彼に対してベルギーが中立を破りドイツに好意的だと非難していたイギリスとの友好関係を修復するという特命を与えた。

ワックスワイラーは、アシスタントである父を探し出して、ロンドンに来るようにと頼んだ。彼らの共同作業は、1915年か1916年にワックスワイラーがロンドンの路上で自動車事故により死亡したことで突然に終わってしまった。その間、ベルギーにいたジャルメーンは、農民に変装して中立国のオランダに行き、そこから船でイギリスに渡りロンドンに居た夫と合流した。

ワックスワイラーの死後、フレールのロンドンにおける使命はほとんど終わっていた。ベルギー政府は、ル・アーブル郊外のサン=タドレスに拠点を構えていた。外務省のトップだったフェルナン・ファンランゲホーヴァは、この小国の政府に経済部門が不足していると強く考えていたが、この国そのものが、大局的に見れば、経済的には土壇場に立った小さな存在でしかなかった。彼は、政府内で人を集めてチームを作ろうと決断し、モーリス・フレールをロンドンから呼び戻した。

このような状況で、兄ポールは、1917年1月30日にル・アーブルで誕生した。

第一次世界大戦の終了後、同盟国は、和平会議のためにヴェルサイユに集まった。経済部門もこの会議に参加することになり、父は、表向きは経済研究サービスと呼ばれた諜報部の長となった。そこで、一家はパリとヴェルサイユの間に位置するシャトーのひとつに居を構えた。私は転居して3週間後の1919年11月15日に体重4.4kgで生れた。

ヴェルサイユ和平会議は、復讐という原始的な方法を用いようとする雰囲気の中で開催された。会議に参加した多くの国々からは賠償を請求するために、戦争によって受けた総ての損害を記載した台帳が提出された。そして「ドイツは支払うだろう!」という声明が出された。

ある日、情報局長だった父は、こういう事態にうんざりして、「もしドイツが賠償金を支払うならば、大きな貿易黒字を財源としなければならない。敗戦国ドイツには支払えるはずがなく、これを認識することは、戦勝国の通るべき道である。」という辛辣な書簡を書いた。賢明な国際感覚を持った文官だった父は、この書簡を機密扱いとして会合の前夜にベルギー代表団に託した。彼らは、当の会合まで読むことはなかったが、結果として、ベルギー代表団も含めて紛糾した。全体的に破壊された国がどうやって支払いの原資を探すのだろうかということを少しも考えずに、「ドイツは支払うだろう!」と言うのは、政治家にとっては簡単だろうが、父の書簡は彼らに冷水を浴びせた。

激論が交わされて父は、投げ出そうと思ったが、この書簡を読んだアメリカ代表団が、「フレールの言うことは正しい!」と言ってくれたことによって救われた。顔をつぶされたフランス政府は、父にレジオンドヌール勲章を出すことをその後10年間も拒否した。

短期間で、ドイツが賠償金を払えるかどうかを見るために賠償委員会が創設され、アメリカ人のパーカー・ギルバートにより統率された委員会の文官の1人として1922年か1923年に父はベルリンに赴任した。

こうして、一家は、ベルリン動物園の前に短期間住んだ後に、ベルリンのブダペスト通りに落着いた。私の兄のポールは、2年と9ヶ月間フランスから送られてくるマドモワゼル・ルーの通信教育を受けていた。退屈だと感じていたが、私も続いてそれを受けることになった。

© Famille Frère

ポールは、プロシャ州のフランス人学校に行き始めた。私はいつも独りぼっちですねてしまい、中庭を通る人たちに水を浴びせるなどのイタズラをして時を過した。これが、私が小学校に決して行かなかった理由である。

1929年に開かれたラ・エ会議は、ドイツの戦時賠償の終了を決めた。フランスは、ドイツがこれ以上支払わないというアナウンスを敢えて出さなかった。バーゼルに国際清算銀行(BIS)が設立されたのは、ずる賢い策略だった。これは、ドイツから支払われた賠償金を払い戻そうとする各国の中央銀行のための銀行だった。このために世論は欺かれた。特にフランスでは、ドイツは賠償金をまだ支払い続けているというふりをしていた。

不況がヨーロッパを襲っていた。私の通学路となっていたベルリンの西の端にあるいくつかの通りでは、どんどん空き家が増えて行った。窓は汚れており、人々は家賃を払うことができなかった。私は、10歳の子供だったが、その風景は大きな印象を与えた。

国際連盟は、私の父にサー・アーサー・サルターに率いられた使節団に加わって中国に行くことを要請した。この使節団の目的は、中国の経済的状況を改善することができるかどうかを視察することだった。

　そこで、私たちは、ブリュッセルを離れ、グルーネンダールの祖父の家に移った。父は、ラワルピンジ号というイギリスの船に乗って中国へと旅立った。父の仕事は、主に南京で6ヵ月にわたり続いた。蒋介石と宋一族の派閥が権力を持っていて、あまりにも多くの金を自分たちのポケットに入れてしまうので財政状況を改善するのは不可能だというのが父の結論だった。父は、1916年か1917年から外務省の一員だったが、これが、最後の特別任務だった。家族はブリュッセルに戻った。

　1929年、私はベルギーのサン・ジル進学高校で猛勉強しなければならなかった。元財務大臣のフランキが、ベルギー大使館の経済担当外交官として、父にヒトラーが権力を台頭させてきたドイツの経済状況がどうなっているのか監視するように求めてきた。

　そういうわけで、私たちは、ベルリンに戻った。このときは、クルフシュテンダムを貫くブライブトロイ通りに住むことになり、元の学校に凱旋したフレール兄弟は、すぐに年長のクラスに編入された。それから、私たちは、非常に寒い1929年から1930年にかけての平均気温-30℃という冬を生き延びなければならなかった。教室で赤くなっていたストーブでは暖房ができないと判断された日には休校となった。そうすると私たちは、元気の良い母と一緒に、1m以上の厚さの氷が張ったベルリンのヴァナゼー湖の上の散歩を楽しんだ。

　ラジオを持っていたので、私たちは、ヒトラーが非常な勢いで勢力を増しているのを身近に知ることができた。宣伝大臣のヨーゼフ・ゲッペルスの尋常ではない危険な演説がラジオから聴こえて来たが、それは非常に邪悪な臭いがしていた。

　1932年、幸運なことに国際連盟は、私の父に少人数で構成されオーストリアで活動する顧問団に加わるよう要請した。オーストリアは、1929年から30年にかけての恐慌で完全に破綻しており、財政基盤を健全にする必要があった。そこで、私たちは、ウィーンに移った。

1928年、ブリュッセルのルイーズ大通り62番地に在ったロベール・ドスメットの写真館で撮られたジャンとポール

ちょっと兄のポールのことを話しておきたい。彼は、シンプ家の気質で、私は、フレール家の気質である。そして、どっちが多いとか少ないとか言えないのだ。

ポールは、子供のころから自動車に魅了されていた。そしてそのような道を進んだのだ。

ポールは自動車雑誌をむさぼり読んだ。そして、いつももっと買いたかったが小遣いは充分ではなかったので、生来の倹約家である弟の私から借金をした。兄は決して返済しなかったという悪い体験が、私の銀行家として学んだ最初の教訓だった。基本的に、私たちは分かちがたい関係だったし、家族としての絆が強化されたのは、私たちが海外に住んでいたからだろう。ポールと私は、自分たちの間では、ベルリンなまりのドイツ語を話したが、私の両親との間ではフランス語だった。

1932年私たちはウィーンに移った。ベルリンで話されるドイツ語とウィーンで話されるドイツ語では違いがあった。ポールと私が一緒に市電に乗っていたときのことだが、地元の人たちから私たちがドイツから来たドイツ人なのかと聞かれて驚いたことがある。ポールは、私よりウィーンで過した時間は少なかった。彼は、決してウィーンなまりを覚えようとしなかった。ウィーンで一番良い学校はカトリックの団体が運営していたテレジア校だった。私は、国立銀行がどういう基準で私たちの学校を推薦したのか分からない。この学校は市内のマリアヒルファー通り近くにあった。

私たちは、市の外側のポツラインスドルフの第18行政区に住んでいた。通学は2つの市電を乗り継ぐ長い旅行のようだった。それは、私たちにとって学習するのには役立ったし、朝の市電の中では非常に忙しかった。走っている市電に飛び乗るのは楽しかったし、女の子たちがいる所で降りる場所が分かった。冬は住んでいる所の裏山でスキーをし、夏は庭にテニスコートがあってテニスをする充分な時間があった。小さな水泳用のプールもあって、ポールはそれが凍るまで水を入れっぱなしにしておいた。彼のアイデアというのは、鍛錬のために氷を割って泳ごうというものだった。

私は、バイオリンを習い始めたが、残念なことに時期的に遅過ぎた。6歳のとき、私は両親にせがんでこの楽器を習い始めたのだが、誰も真面目に教えてくれなかった。私の両親は、芸術が好きで、絵画の鑑賞や音楽を聴くのが好きだった。母は、きれいな水彩画を描いていたし、父は、若いころにはワーグナーのオペラの席のために夜並んだりしたことが何度かあったそうだが、2人とも芸術の分野で本当に極めようとしたわけではなかった。だが私は、極める所までやってみたかったのだ。

最終的に、両親は、習う機会を与えてくれたが、時間的には遅過ぎた。私は、バイオリンを習いたかったのだが、ベルリンの学校にいたときに、テコという愛称で知られていたハンブルグ出身の声楽家テオドール・コルネリッセンに習わせてくれた。彼は、あまり良くはなかったし、レッスンを受けたのが、13時から14時というおなかが空いて疲れていたときだった。

私たちが、ウィーンに移り住んだとき、ウィーンの医師と結婚していたベルギー人のスザンヌ・グラスナーが、私にもっと良い教師を紹介してくれた。彼は、非常に都会的でウィーンシンフォニー交響楽団の第二バイオリン奏者だった。彼の名は、ヌーラートといい、ユダヤ人の家系だった。不幸にも1937年にヒトラーがオーストリアを侵略して、その後、彼はアウシュヴィッツで命を落とした。

© Famille Frère

1925年、ポールは、ボブ・シンプ伯父のシトロエン5CVのハンドルを握っている。これは彼がレーシングドライバーになる将来を暗示する写真である。

SDNという名の顧問団は、ウィーンでの仕事で目覚ましい結果を残した。オーストリアは、信用度を失っていたので、父は、ほかの国が保証する一連の借款の起債を指導した。金融政策は改訂され、数年の間に、オーストリア通貨のシリングは生まれ変わった。

　何かを賢く運営していけば、充分な信用は非常に速く回復した。それは、驚くべき成果を上げたのだが、ヒトラーのオーストリア侵攻により破壊されてしまった。そのとき、私たちは、オーストリアを離れたのだが、父が涙を溢れさせたのを見たのはそのときだけだった。その時期、労働者の集合体からなる要塞にも似た非常に強い社会主義団体ができた。

　ある日、ストライキ中に銃撃戦が起きた。それは、オーストリア式の市民戦争だった。ドレフュス大臣が暗殺されたりしたが、幸いにも多くの死者は出なかった。政治状況は、非常に不安定な状態となり、さらに併合の準備をしていたヒトラー側の人間たちによって油を注がれた。

　私の両親が1936年にウィーンを離れたとき、1937年に受験する"matura"と呼ばれた入学資格試験に合格するにはあと6ヵ月が必要だったので、私は独り残った。私がブリュッセルに戻るまで賃貸に出していたロプセルバトワール大通り106番地の家に家族全員が落着いた。ポールは、それまでポール・タオン大佐の妻となっていた叔母のイルマの所に住んでいた。

　私たちが戻ってくるまで待っている間、ポールは、ソルヴェ大学の入学試験に合格し、大学生活を始めていた。

　1937年にブリュッセルへと戻ったとき、私は、物理学、特に核物理学を勉強したいと本当に思っていた。私が科学者になろうとしたのは自然だった。ところが、将来、進路を変えようとしてもつぶしがきかない非常に狭い分野に入ろうとしていたことが分かった。

1936年、ポールは父親の8気筒バーローRH3の前に立ってポーズしている。

　私は、17歳で、ポールは20歳だった。大学の教育プログラムを読むと私の父やボブ伯父や兄のポールが学んだようにソルヴェ大学で学ぶなら、最終的な進路を決めるまで、魅了されていた純粋科学を学ぶこともできるだろうと考えた。私は、ベルギーという国とその雰囲気を知らなかった。物理学が私の能力や受けてきた教育や私がやりたいことに合うのか、それを専門にするかどうかを決めるまで、充分な時間が必要だった。

商業学部では、あらゆる分野の授業があった。当時、ソルヴェ大学商業学部では、機械工学の授業は4年間続いた。私は、入学試験を通らなければならず、辛うじて合格できた。というのも、フランス語での数学の授業方法は、ドイツやオーストリアで行われていた授業方法とは完全に違っていた。それは、私が1年飛び級で入学していたのにもかかわらず、慣れるのは容易ではなかった。

　1942年にドイツ占領軍は、ULBを閉鎖した。そのときも、ギリギリで私は学位を取得した。私は、一次試験に不合格となった。というのは、保険の数学的な理論を勉強するよりも、後に私の最初の妻となったモニーク・ボルマンスという女の子の手助けをするために多くの時間を使っていたからだ。それから後、私は、いくつかの学校で行われた秘密の授業を組織して試験の監督を行った。

　戦争の終わりには、すべての物事が収まるべき所に収まった。あの当時、団結という素晴らしい感覚に溢れていた。大学は、友情が生れた場所だった。特に私たちのように外国から来て別の言語で勉強しなければならなかった若者たちにとって友情は重要であった。

　私は、マリー＝ローズ・ファンランゲホーヴァとヤナ・ヴェーンヤールトという女の子と知り合った。彼女たちはいつも一緒で授業が終わっても、次の科目の授業に移るのではなく、その科目に関して長々とおしゃべりするので、私はいささかうんざりだった。1939年から第二次世界大戦が始まり、父親が外務大臣だったファンランゲホーヴァの家族は、ロンドンに移った。

　ポールと私は、スペインに行こうとしたが不成功に終わった。銀行団の代表を務めていた父は、ベルギーに戻ってベルギーの銀行をドイツ占領軍から守るべきだと感じていたが、ボルドーに避難していたベルギー政府も同じ考えだった。

　そこで、ポールと私はブリュッセルに戻り、戦争の残りの時間を過ごすことになった。

　著者注:94歳で亡くなったジャン・フレールの物語は、まるで冒険の様である。少しの皮肉を込めたジャーナリストのような熱意で、この時代の隠された部分を描いているのは非常に興味深い。そして彼らの父のモーリスとジャン自身がなぜ要職に就いていったのかを活写している。この本の主題である、兄のポールと家族の関係をジャンに語ってもらったが、この後の章からいよいよこの本の核心を始めよう！

1937年8月、オステンデの船着き場にて、20歳のポールと17歳のジャン。

1936年、ウィーンにて、ポールとジャン、それに母親のジャルメーン。

第2部

The Driver

ドライバーとしての日々

1935 - 1960

第2章:自動車レースとの最初の出会い

1926年、9歳になったポールは、彼にとって初めて観るレースとなったフランコルシャン24時間レースに行った。1964年に復活するのを彼が手助けしたこの伝説的なレースに連れていってくれたのは母方の伯父で、"パプーン Papoum"というニックネームで呼ばれていたロベール・シンプだった。初めてのレーシングカーやドライバーたちとサーキットで出会ったことで、彼はすぐに自動車や自動車レースに夢中になってしまった。

彼は、ベルリン、その後ウィーンに住んだが、ベルギーを訪れるときだけがこの情熱を満足させた。最も身近で親しい家族は、彼のモータースポーツへの情熱を感づいてはいなかった。伯父だけは別だったが、遠く離れていた。ポールに与えられた自家用の車は、メカニカルな作業をするときのはけ口でしかなかった。

彼が18歳になったとき自動車競技に参加するため、母が自分のアミルカー5CVを貸してくれたことは、彼にとって大きな驚きだった。それは、フレール家が休日を過ごしていたオーストリアでは有名な避暑地である聖ウルフガングでのことだった。地元の観光協会がジムカーナのイベントを開催し、ポールがそれに参加したのだった。

彼が母親にアミルカーを買うように影響を与えたのは事実だった。それは、女性向けの車でもありながら、スポーティに走り回れるという、2つの目的を上手くバランスをとった車だった。もちろん母は無意識だったかもしれないが、息子がモータースポーツを職業として選んだその第一歩になることを手助けしたとは知らなかった。

アミルカーは小型でハンドリングが良く、医者が好んで乗るような車だった。ポールはジムカーナに楽々と優勝して、ザルツブルグ警察から表彰され銀のカップを家に持ち帰った。これは小さな勝利だったが、次のステップへの自信を与えてくれた。不幸なことに、続く10年間には次のステップは訪れなかった。まず第一は、彼はソルヴェで工学の勉強を始めたからであり、第二は戦争が起きたからだった。

1940年5月にベルギーが参戦する少し前に、ポールはベルギー製の6気筒エンジンを積んだインペリアという車を友人から買った。その車は友人が大型トラックと衝突して壊れていたが修理するのは可能に見えたので、ポールは550ベルギーフランを払って自分のものにした。ドイツ軍が侵攻を始めて多くのベルギー人がフランスへと脱出する前に、ポールはそのクルマを走れる状態にした。

ポールは、レ・ゼイジー・ド・タヤックに居を構え、そこからそう遠くないベルジュラックにあった田舎の修理工場でメカニックとして食べていくための職を得た。それは、彼のインペリアをほとんど完全に分解して組み立てるレストアの手助けになった良いアイデアだった。彼は、それを運転することなく戦後すぐの困難な時期に売らなければならなかったが、彼が車に払った金額の70倍以上の金を得た。

この金で、元ドイツ軍で使われていた雑に黒く塗られた125ccのDKW製バイクを買うことができた。排気マニフォールドを磨き、シリンダーヘッドを分解して圧縮比を上げてやると、このバイクは非常に良く走った。

1935年、母親のアミルカー5CVと一緒に。

グルーネンダールとモン・サン・ジャン間の舗装路を使い、ユッケルワースの自動車運転者連盟が、1939年にベルギーで初めて開催されたスタンディングスタートで1kmを競う速度競技会に、ポールはエントリー手続きをした。美しい秋の日曜日、ポールは彼のカテゴリーで優勝した。もっともエントリーしたのは彼だけだったので優勝は当然だが、それでも1kmを平均66km/h以上で走った。数週間後にスカールベークの自動車学校が主催してシュトッケルで開催されたモトクロスのイベントにも彼はエントリーした。

ポールは、このレースを見逃すわけにはいかなかった。というのはレースデビューするためのクラスが設けられていたからだった。そこで彼は偵察に出かけた。予選の前日は嵐だったので、急勾配のコースはヌカルんだ状態で、重い350ccや500ccクラスのバイクは登ることができず、彼の軽い125ccのDKWだけが登れた。彼は、レース当日自信満々で会場に着いた。しかし、天候は晴れとなり、大型バイクがトップを奪った。彼は、レースデビューのクラスで5位という成績に終わった。

ポールは、NSUの250ccを買い、元バイクのレーサーだった彼の父親の運転手に手伝ってもらってレース仕様に改造した。ルーヴァン近くのオー・デュース・サーキットで行われたブラバントのモトクロスイベントに参加するのにちょうど間に合うように完成したが、残念ながらイグニッションが故障してリタイヤしなければならなかった。その代わり、2気筒500ccのトライアンフに乗ったオランダ人チャンピオンのキネーヌンブルヒやボヴィーのドライビングスタイルに感服する時間がいっぱいあった。

毎週末にレースをして、当時セミプロと呼ばれたレベルで競うことができるとすぐに気づき、ポールはNSUを350ccのトライアンフと交換しその後4年間に8万kmも乗り続けた。さらに彼は、もっと取り組みやすいトライアルという競技に転向して1954年まで競技に参加した。その後、ジャッキー・イクスも同じ競技をやっていた。

非常に活動的なユッケルワースの自動車運転者連盟が主催するキャンブレの森を回るキャンブレ・グランプリのようなバイクレースにポールが参戦する前に、初心者のレーサーたちが参加して量産型のスポーツツーリングバイクによって行われるイベントがあり、ポールは、"フレポー"(フレール・ポール)という偽名でエントリーした。というのは、海外にいた彼の両親は、息子の危険なレース活動を知って、それを禁止していたからだった。彼の250ccのNSUは、ライバルとなる350ccのバイクが走るペースに付いていけないのは明らかだったが、チャンスと巡り会えたことですべてが変わってしまった。

1949年、オアンで行われたランブレール・トライアルで、250ccクラスで1位となったプフに乗るポール。

1948 to 1950

公式予選の前日に多くのライダーは、ル・ボアに到着していた。その中に、ポールがベルリンの学校で会って以来の旧友だったロベール・イーヴェルツがいた。彼は、美しいトライアンフのスピード・ツインを持っており、ポールにそれをテストしてみないかと頼んだ。ロードホールディングはやや不安定だったが、トライアンフの素晴らしいエンジンはポールに翼を与え、そのバイクの持ち主よりもずっと速く数ラップを走った。

これを見たイーヴェルツは、彼に交代しようと申し出た。その結果、翌日ポールは2台のイギリス製バイクの前で偉大な勝利をあげたのだった。保険もなしで、ちゃんとした装備もなく、もし友人のバイクで事故を起こしても弁償できる保証もなかったが、彼は、一歩前へ踏み出した。スピードが最大の決定要因であるレースで彼が初めて優勝したということは彼のスポーツマンとして生きていく将来のキャリアに大きな映響を与えた。

速いマシンに乗るには、ポールはもう2年待たなければならなかった。オーストリア製のプフの輸入元がポールに125ccのバイクを供与した。推薦してくれたのは、ジャッキー・イクスの父親のジャック・イクスだった。彼は、有名なモータージャーナリストで、その前はモトクロスのライダーであり、カーレーサーでもあった。ヘイゼルで行われたブリュッセル・グランプリでは、多くのオランダ人ライダーが参加するタフな

1949年、オトゥール・ド・ブラバンのレースにて、ピエール・スタスと一緒のスタート。250ccのプフに乗って4位。

レースで上出来の4位でフィニッシュした。

ポールに供与されたプフは、アルコール燃料で走るように改造され、彼はいくつかのヒルクライムレースで優勝した。

助走を付けたフライングスタートによる1kmと1マイルの世界記録への挑戦は、ポールのキャリアを前進させる次のステップとなった。ヤブベーケ近くの海岸通りと呼ばれる高速道路を使って、ゴールディ・ガードナー大佐が、彼の有名なジャガーエンジンを積んだMGで記録挑戦するのは9月に予定されていた。

ポールは、プフの輸入元であるブレスロー氏に、125ccクラスで、上記の1kmと1マイルの記録だけでなく、5kmと5マイルの記録も含めて挑戦させてくれと頼んだ。彼は、平均速度が約108km/hという1マイルの世界記録を打ち立てた。がしかし、その記録は数週間しか続かなかった。イタリア人のルイジ・カヴァーナが、FBモンディアルに乗ってポールの記録を打ち破ったのだ。彼は、オステンデとゲントの間の高速道路で、5マイルの記録も破ったが、1個のピストンが壊れて、そこで記録挑戦は終わりとなった。その5年後には、125ccクラスのフライング1kmの記録は、ランブレッタのスクーターにより、200km/h以上に更新されてしまった。そんな短期間で、信じられない程の進歩が起きてしまったのだ。

1950年、ワーテルローで行われたフライング1kmレースで、スタートしようとする500cc単気筒のAJSに乗ったポール。

ベルギー 24時間レース

　1948年もポールにとって重要な金字塔を打ち立てた年だった。それは、まだスパ・フランコルシャン24時間レースとは呼ばれていなかったベルギー24時間レースが、ベルギー王立自動車クラブ(RACB)の主催で戦後初めて開催された年だった。自動車レースに参加するというポールの夢は、なし遂げられようとしていた。彼は、後に長い友人となったジャック・スワタースとルイーズ大通りで知り合った。当時、スワタースはまだ学生だった。彼はポールに特別製のアルミボディを持った1936年製の古いMGを当時でも良い値段で買ったばかりだと言った。

　それは、939ccエンジンのタイプPBで、MGで作られた最後のOHCエンジンを載せていた。

1948年、フランコルシャン・サーキットで行われたベルギー24時間レース。

　前の持ち主のクロード・ボノーが1938年のル・マン24時間レースにエントリーし、動くシケインという渾名を付けられたアンヌ＝セシル・イティエと組んで12位で完走した車だった。この車は、戦争中ポールの友人の1人が持っていたガレージの中で過ごしていた。そしてきれいに掃除されてからスワタースが買ったというわけだ。ジャックとポールは、すぐにフランコルシャンで行われる24時間レースにエントリーすることに同意した。

1948
to
1950

エントリー費用に関しての問題は、以下のようにして解決された。ジャックはエントリー費用と車の準備に関して負担をするが、ポールは、獲得する賞金に関して自分の取り分の権利をすべてジャックに与えるというものだった。これは、ポールにとって良い取引だった。なぜなら、この車が完走する可能性は少なかったからだ。ところが、彼らに大きな難題が降りかかった。スワタースは、大学に行くという友人のシャルル・ド・トルナコにクルマを貸してやったが、彼は、エンジンから白煙を上げて帰って来た。これで、MGは、フランコルシャンで24時間を走る前に大きなハンディキャップを背負ってしまった。夜を徹してオイル交換をしたり、錆びたパーツの交換を行ったりして、エンジンは普通に動くようになった。この車は、既に12年も前の古い車だったので、オリジナルのスペアパーツを見つけるのは不可能だった。

スタート前日になっても、MGは、きちんと走らなかったので、小さなチームの士気は低下していた。ジャックは、かなりの経験を積んでいるポールに最初のスティントを走ってもらい18時ころにジャックに引き継いでくれるように頼んだ。スタートは少し混乱したが、ポールは上手くそれを抜け出した。コースは濡れた状態で、ポールは、すぐに彼らのMGの性能は悪くないと実感した。

ポールは、スタヴロへ向かう下りで何台かを抜いたが、フランコルシャンへの上りでは、差を詰められなかった。キネッティのフェラーリは、早々と楽勝ペースだった。突然、MGの油圧が低下した。1時間半で3リットルものオイルを消費してしまったのだ。ポールは、ジャックに油圧計から眼を離すな！と叫んだ。ポールは、21時に車に戻ったが、エンジンがオイルを食わなくなっていたのは驚きだった。それは、多分ピストンリングの詰まりが取れたからだろう。

ポールは2時間ほど眠ってから2時45分に車に戻り、1台のアメリカ車の後に付けた。計器類はどれもライトが消えて判読できなくなり、ほかの車に抜かれるときだけその灯りで読み取ることができた。ジャックが5時半に車を引き継いだときには、彼らはクラス4位の位置に付けていた。回転計は動かなくなってしまい彼は耳を頼りにギヤをチェンジしなければならなかった。ポールは22歳のチームメイトを賞賛しなければならなかった。経験は不足していたが、円熟したような運転には驚かされた。アストンマーチンが、1・2・4位を占め、1100ccのゴルディーニは、フィアット勢との戦いに破れていたが、1220ccモデルが3位に付け

ていた。ポールは、正午に車に戻り、完走は約束されたと信じてスタートした。2位につけていたアストンマーチンがレディヨンの右側にコースアウトした。

突然、煙がコクピットを満たした。ポールは全神経を集中して、これはオイル供給口のキャップがきちんと締められていないからだと判断した。彼はピットに戻りその判断が正しかったことが証明された。ポールは、15時ころにハンドルをジャックに渡し、そして1時間後にチェッカーフラッグを受けた。この小さなMGは、エントリーした車の中で最小の排気量だったが、大きな故障もなくクラス4位で完走した。31歳となっていたポールの夢がかなったのだった。

1948年にできた友人に感謝しなければならない。ポールは1949年のレースでは、オーナーのジョン・ホースファールにより大きく改造されて個人エントリーした戦前型のアストンマーチンに乗ることになったが、このイギリス人は、ポールに疲れたときの交代要員として待つように求め、何リットルものコーヒーを飲みながら士気を高め、24時間ずっと運転し続けて2リッターのワークスカーの前を行く総合4位で完走した。

この活躍がポールの公式成績として残ったとしても、明らかに彼は幸福ではなかった。だとしても、彼は特権的な観客だった。このときポールは後にアストンマーチンのチーム監督となるジョン・ワイヤーと出会った。悲劇的なことに、ホースファールは数週間後、別の人によって改造されたERAに乗っていて死亡した。

1948年、フランコルシャン・サーキットで行われたベルギー24時間レースにて。ポールは、ジャック・スワタースと939ccのMG PBを走らせた。

1950 to 1952

第3章：飛翔のとき、1950年から1952年
フランコルシャンでの量産車によるグランプリ

　ポールは、ジャーナリストとレーシングドライバーの両方で名前を上げようとしていた。彼は、1950年にフランコルシャンで行われた量産車によるグランプリで戦いたかった。そこでパナール・ディナのディーラーだったロベール・ドブラを説得して、750ccの車を1台提供してもらった。それは正しい選択で、ポールは、ルノーやモーリス、シムカを破ってクラス優勝した。続く1951年にも彼はパナール・ディナで再び優勝した。写真では、同一周回で争っていたジョルジュ・ヴェルトルが先にチェッカーフラッグを受けているが、レースの補則には、レースは1時間で終わると書かれており、その時点では、ポールが紛れもなくレースをリードしていたので、ジョルジュはスポーツマンらしく負けを認めた。

　その年、ポールは同じ日の2番目のイベントでジョウェットをドライブしていたがレースが終わろうとするときになって新品のエンジンが壊れてしまった。1950年から55年にかけて、難コースのフランコルシャン・サーキットで行われた量産車によるグランプリで、ポールの味わった唯一の敗北だった。

　1951年は、ポールにとって素晴らしい年ではなかった。パナール・ディナによる完璧な勝利はあったが、ジョウェットではリタイアしたことが不満だったし、レーシングドライバーとしてさらなるキャリアを積んだとは言えない年だった。量産車によるグランプリの間、幸運にも彼の活躍を人々に立ち止まって注目させることができた。

1950年8月20日、フランコルシャンにて。ポールは、パナール・ディナに乗って量産車グランプリで750ccのクラスで優勝。平均速度103.05km/hだった。

1951年、フランコルシャンにて。ポールは彼のパナール・ディナに乗り、量産車によるグランプリで2度目の優勝を挙げた。ジョルジュ・ヴェルトルが運転する兄弟車の後ろでチェッカーフラッグを受けた。

このグランプリでは、量産スポーツカーによるレースも行われており、ジャガーのファクトリーは、ジョニー・クラースが乗るように1台のXK120を送り込んでいたし、ほかにも2台のXK120が個人エントリーされており、その1台はジャン・デュフォー男爵がエントリーした車だった。そのとき、ポールはブリュッセルのジャガーディーラーで技術顧問をしていた。予選の後デュフォーは、セットアップが充分ではないと考えていたジャガーをテストするようポールに頼んだ。彼は3周して、最後の周には、その日の最速ラップを記録した。

そのとき、翌年の量産車によるグランプリに4台のオールズモビルを参戦させるために4人のドライバーを選ぶように依頼されていたジャック・イクスの鷲のような眼は、この最速ラップを見逃さなかった。当然、彼はポールを選んだ。このチームに参加することは、クラース、アンドレ・ピレット、それに自分で名声を勝ち得ていたジャック・スワタースなどの有名ドライバーたちと肩を並べることでポールにとってキャリアを上げる大きなステップとなった。ゼネラルモータースは、フランコルシャンでクライスラーやフォードを打ち破れば大きな宣伝効果を上げることを知っていた。

主催者が3つの自動車メーカーに対して求めた唯一の規則は、車に加えられた改造を厳格にチェックするというものだった。つまり、純粋に量産車の状態でなければならなかった。日曜日の2時間のレースを走り切るのを可能にするより大きな燃料タンクに変更することも認めなかった。

4台のオールズモビルは、黄色い作業着のような色に塗られてサーキットに到着すると大きな注目を浴びた。

予選でも熱い戦いが行われ、その犠牲となった1人がスワタースだった。当時のスタードライバーだったクラースとピレットは、1位と2位のタイムを出した。20年ぶりにレースに戻った、年を取っても老練なテレスフォア・ジョルジュの運転するクライスラー・サラトガが3位に入った。

ポールは4番目に速いタイムを出したが、もし、オールズモビルが優位ならば、レースでは、クラースやスワタースを前に出して彼らが優勝するように走らせろと言われていた。ポールの仕事

1952年、ポールのオールズモビルは燃料が尽きていたのにもかかわらず、彼はレースで優勝した。

は、その後に付けてリーダーがトラブルの際に援護することだった。ポールは、起こりうるすべてのシナリオを几帳面な眼で分析した。もし、クライスラーが、本当の実力を隠していて、実際はもっと速かったら、クラースとピレットは全力で走らなければならなくなる。そうなればポールの役割は馬鹿げたもののように思えた。しかし、彼の悲観論は、スタートの旗が振り下ろされるや消し飛んでしまった。

3台の黄色のオールズモビルがレディヨンの登りにかかると前を占めることができたのは、ハイドロマチック式のオートマに感謝しなければならない。この独占状態は数周にわたって続き、3周目にはポールが先頭になった。ジョルジュのクライスラーは、スタート時にはいくつかの問題を抱えていたが全部のシリンダーが順調に回っていた。ポールは、バックミラーの中でクラースとピレットの間にクライスラーが割り込むのを見た。

ポールはチームオーダーを尊重して、猛スピードを出す彼のチームメイトとジョルジュに追い抜かせた。すぐにブリアーノが運転する2台目のクライスラーが、バックミラーの中に見えてきた。ポールは、クラースの車が、カリエレのコーナーの溝に落ちているのが見えた。そして彼は、トラブルを起こしたピレットを抜いた。レース前には下馬評が高かったオールズモビルは、ジョルジュに前を走られて不名誉な敗北を喫そうとしていた。

ブリアーノの車がスタヴロでフェンスに突っ込んでいるのを見て、ポールはこれで彼の2位は確実だと思ったが、突然、燃料計の針が下がっているのに気づいた。さらにジョルジュの車がレディヨンのコーナーの右側に止まっているのが見えた。これで、ポールは彼の肩にオールズモビルの優勝がかかっているというプレッシャーを背負ってレースをリードしていると分かった。ただ、燃料ポンプが息を切らし始めた。タンクは、ほとんど空になってきており、しかもレースはまだ40分も続こうとしていた。

ウィンドスクリーンは、虫の死骸でほとんど見えなくなっていた。しかしポールは、襲ってくるネガティブな考えと戦いながら勝利をつかみ取ろうとしていた。最終ラップでフランコルシャンの丘を上って行くときはエンジンが途切れ途切れに点火しているような状態で、ラ・スルスまで辿り着けるだろうかという状態だったが、彼は何とかやり遂げて下りで勢いを付けて惰性でフィニッシュラインを越えることができた。オールズモビルは完全に燃料を使い果たして走っていたので、表彰台の所まで車を移動させることもできなかった。彼は歩いて優勝者のためのブーケを受け取りに行った。

2台のクライスラーは、だらだらと続く長いカーブでかかる荷重に対して充分な強度を持たない左前輪の破損に苦しめられた。クラースとピレットの車も同じ問題に苦しんだが、ポールは幸運なことにレースのときには新品のホイールを与えられていた。事実、彼は予選で使用されなかった新品のスペアホイールを自分のオールズモビルに組み付けていたのだ。極めて頭の良すぎるやり方だった。

1952年、フランコルシャンでの量産車によるグランプリにて。ポールはレースで完走した唯一のオールズモビルのドライバーだったうえに、一番であった。

1952

第4章:ポールは自分の名を上げた
シメイでの突然の勝利、ヨーロッパ・グランプリの前哨戦

フランコルシャンでの勝利は、ポールにとって名声を勝ち得て行く手助けになった。ジャック・イクスは、ポールが何とかマシンのシートを確保できるなら、RACB(ベルギー王立自動車クラブ)は、6月の終わりに開催されるベルギー・グランプリへのポールのエントリーを受け付けてくれるだろうと言った。ポールは、その時代のシングルシーターに乗るアスカリやヴィロレーシ、ファリーナ、そしてほかのエースドライバーと自分を重ね合わせてみることはできなかった。

しかし、どこで自分が乗るマシンを見つけることができるだろうか? 唯一の可能性があったのは、HWM(ヘルシャム・ウォルトン・モーターズ)というコンストラクターのジョン・ヒースだった。1946年にパリで、彼のアルタ・エンジンのためにチェーンを手配するのを手伝ったことがあって、ポールはヒースにコンタクトを取り、最新の成績などを伝えたが、ヒースの返信は友好的だったが否定的だった。

数日後、ポールはイギリス人の男性がシメイから電話をかけて来たと告げられた。それはヒースだった。彼は夜に電話をかけ直してきて、シメイで行われるフロンティア(国境)グランプリにエントリーした3台の中の1台をドライブしないか、という提案だった。しかも、翌朝7時には、予選のためにシメイに着いていなければならないというのだ。

その話にのったポールは、30分も前に到着した。ロジェ・ローランとジョン・ヒースがほかの2台のHWMをドライブした。ポールは、モナコでレースをすることになったピーター・コリンズの代役だった。

当時HWMは悪いマシンではなかった。1950年、当時排気量を2リッターに制限されていたフォーミュラ2マシンとして製作された。それは改良され、1952年にFIAが、ワールドチャンピオンシップを2リッターフォーミュラ(事実上はF2)で行うと決定すると、それは立派なF1マシンとなった。それはチューブラーシャシーを持ち、2基のダブルバレル・ウェーバー・キャブレターから145馬力を出す4気筒エンジンを積んでいた。ポールはシングルシーターのマシンを運転することとオールズモビルを運転することには何の共通性もないということをすぐに理解した。マシンを運転するには、より素早くより的確なドライブが必要だった。

そういうわけで、ポールはわずか2周目にスピンして、逆を向いてバンクに突っ込んだ。メカニックは2時間かけて修理した。ジョン・ヒースは、ベルギー人に同情することもなく、濡れた路面は非常に滑りやすいと指摘した。

1952年、シメイで行われたフロンティア(国境)グランプリで、HWMに乗ってスタートを待つポール。

幸運なことに、ポールはドライコンディションで走ることができ、朝のセッションで最速タイム4分33秒を出した。ヒースより6秒も速いタイムだった。ロジェ・ローランは、夜中に到着したエキューリー・フランコルシャンの新しいフェラーリに乗ることを選択した。そのため、シャルル・ド・トルナコが、このイギリス製マシンの3台目に乗ることになった。

ポールは、前年型モデルに装備されていたプリセレクター式のギヤボックスに慣れていなかったので、スタートに失敗してほとんどエンジンを止めてしまいそうになった。彼は8位に落ちてしまい失地回復するのは難しかったが、幸運の女神はポールに付いた。首位を争っていたクラースとローランはボーシャンのコーナーで衝突した。この事故で、コンノートに乗るイギリス人のケン・ダウニングが首位になった。首位との差を40秒に縮めたポールは、サーキットをずっと良く知っていたのでダウニングの追撃に専念することにした。22周の9周目に雨が降り始めたので、1周当り数秒を詰めていった。

ダウニングは群れから抜け出た。ヒースのピットで責任者を務めていたロバート・ファン・ゲリューヴェは、ボスにコンノートとHWMとの差は周回ごとに縮まっていると報告した。ポールはチームのボスを追い抜いたが、ポールがスピンしてしまうのではと周囲を驚かせた。成功した戦略により、彼が優勝できるのではないかと感じた群衆から声援を受け、ポールはペダルを床まで踏んで羽が生えたように走った。ピットの前でファン・ゲリューヴェは、ポールにダウニングから18秒遅れているというサインを送ったが、その差は1つ前の周のものだった。ピットにいたスタッフは、ポールに向ってがむしゃらに走れというゼスチャーを送った。それは、まるで彼がそれまでそんな走りをしていなかったようではないか！

最終ラップ、サル・コーナーに入って行くポールは、コーナーを回るダウニングのマシンのテールを見る事ができた。イギリス人は、彼のミラーに映る脅威に完全に気づいた。ボーシャンで、ポールは、ダウニングのテールの右側に張り付き、観客達は興奮した。ゴールまで200mとなる左周りのカーブの出口でダウニングから首位の座を奪った。彼らは殆ど一緒にフィニッシュラインを越えベルギー人がそんな偉大な結果を得るとは期待していなかった観客達の歓声を受けながら、勝者の栄誉の1周を一緒に回った。

彼がピットに戻ると、喜んだジョン・ヒースにより祝福された。彼は、不安定な経営に必要なスターティングマネーを得る為に穴埋めとして雇ったこのドライバーに心を奪われていた。授賞式が行われるカジノへと歩いていた時、ヒースはポールにベルギー・グランプリの為のマシンを見つけたのか？とたずねた。ベルギー人のポールが「いいや」と言うと、イギリス人のヒースは、彼の耳にささやいた「心配するな、私が1台用意するよ！」

ベルギー・グランプリ

ヒースは、約束を守り、フランコルシャンで6月20日に開催されたベルギー・グランプリ、ヨーロッパ・グランプリとも呼ばれたこのレースにHWMチームのドライバーの1人としてポール・フレールをノミネートした。彼のチームメイトとなるのは、ランス・マックリンとロジェ・ローランになるはずだった。ポールにとって、このグランプリレースにエントリーする事は、階段を上がる大きなステップだった。シメイ・グランプリには、トップドライバー達は参加していなかったが、フランコルシャンには全員の顔が揃うのだ。ファリーナ、アスカリそれにタルフィは、2リッター4気筒のフェラーリに乗り、マンゾン、ベーラ、それにクラースは新型の6気筒ゴルディーニ、ホーソン、ブラウンとブランドンはクーパー・ブリストル、モスは新型ERA、ワールトンはフレーザー・ナッシュ、ド・トルナコはフェラーリに乗ってという顔ぶれだった。

予選でポールは大活躍した。フェラーリとゴルディーニとホーソンのクーパー・ブリストルだけが5分の壁を破ることができ、ポールは5分5秒辺りのタイムでモスとクラースを破り第3列に並んだ。彼は、非常に自信に満ちていた。彼には失うものは何もなかった。

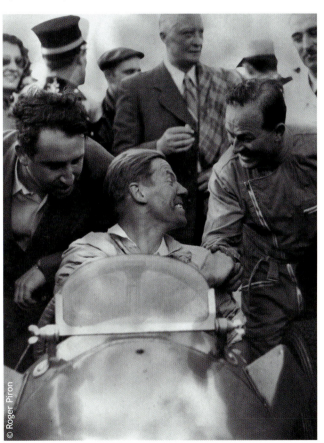
シメイでポールは驚くべき勝利を挙げ、ジャック・イクスとロジェ・グルミョーを喜ばせた。

HWM Alta F2 1952　　HWM starts.!

スタートが近づくと雨雲が空を覆ってきた。しかし、ポールはウェットコンディションのシメイでHWMに乗って慣れていたので心配はしていなかった。彼はまたもスタートで失敗してしまい中程に埋もれてしまった。しかし、レース開始早々の数周で起きたいくつもの事故や出来事、特に人気者だったタルフィとベーラの衝突に助けられて、ポールは5位に上がっていた。しかし4位を走るホーソンは1分以上も前を走っていた。

チームメイト達はポールの後ろにいた。フェラーリに乗ったアスカリがレースをリードし、HWMを周回遅れにした。同じくフェラーリに乗るファリーナが続き、ロベール・マンゾンのゴルディーニが3位だった。雨は止み、コースはゆっくりと乾き始めた。

ポールの自信はますます高まり、さらなる極みを体験するためにペースを上げた。理由は不明だが、マルメディで彼はラインを変えこの非常に急なカーブに挑んだが、150km/hほどのスピードでスピンしてしまった。濡れた草に感謝しなければならないだろう、彼は丸1回転したがどこにもぶつからず、止まったときには正しい方向を向いていた！レースの終わりになってラジエーターグリルが軽く曲がっているのを見つけるまで彼のピットでは何が起こったのか知らなかった。HWMはコーナーの内側の壁にキスをしていたのだ。

1952年、フランコルシャンで行われたベルギー・グランプリで、HWMに乗ってオールージュのコーナーを走るポール。

とにかく、ポールはコースアウトするだけでなく酷い事故も避けることができた。常連なら誰でも知っていたが、傾斜が付いていないマルメディのカーブでは、マシンは高速で飛び出してしまうので、サーキットでも最も危険なカーブのひとつだった。

雨は再び降り始め、レースをリードする3台は、ポールを2ラップも周回遅れにした。彼らは、HWMやクーパーのように途中給油をする必要はなかった。そういうわけで優勝したアスカリが、プリンス・ド・リエージュから祝福を受けた後、ポールは5位でチェッカーフラグを受けたのだった。彼は皮膚までずぶ濡れの状態だった。この時代、ドライバーは天候から保護されてはいなかった。着ていたオーバーオールは防水ではなかったし、ギヤボックスのオイルの流路が詰まってしまい飛散するオイルが顔に当たっていた。

ポールが獲得した5位は彼のベストを尽くした結果だった。しかし、状況から眼をそむけることは無意味だった。HWMの命運はほとんど尽きようとしていた。ヒースは、イタリアやフランス、イギリスの有力コンストラクターに対抗して、より軽量でパワフルな新型マシンを製作する資金がなかったのだ。しかし、彼はニュルブルクリンクで開催されたドイツ・グランプリにマシンをエントリーし、その中の1台を運転させるためにポールを招待した。ポールはこのアイフェル山地の中に広がる伝説的なサーキットをまったく知らなかったので、ローバーを1台借りて1週間も前からサーキットを偵察した。彼は、ローバーのタイヤをキャンバス地が剥き出しになるまで酷使し、貸してくれた業者を驚かせた。

HWMのマシン達は予選を走る準備ができていなかった。ジョニー・クラースは何とか2周だけでも走ることができたが、ピーター・コリンズは1周目でイグニッションの不調に苦しんだ。ポールだけが金曜日のセッションで数周走ることができた。コリンズは乗るマシンが無かったが、クラースはサーキットを知っていたので走ることを許された。

ポールはギヤボックスが壊れてリタイアした。クラースはマグネートの故障で止まった。フェラーリのワークスマシンに乗ったアスカリとファリーナが、1位と2位を獲得した。そして、エキューリ・フランコルシャン・チームのマシンに乗ったベルギー人のドライバー、ロジェ・ローランは6位でフィニッシュした。

ポールの次のレースは、ワルキエ子爵夫人によってエントリーされた1500ccのシムカ・ゴルディーニに乗って出たオランダ・グランプリだった。ポールは、リエージュ・ローマ・リエージュ・ラリーに参戦したクラースがスケジュールを間違えていたので、その代役だった。しかし、彼は100周のレースの20周目で、ギヤボックスの故障でリタイアした。

ゴルディーニをドライブしたポールは、ロベール・マンゾン、モーリス・トランティニアンそしてジャン・ベーラの3名のドライバーが走る、「魔術師」という渾名を持つアメデー・ゴルディーニによって運営されるチームと初めて接触した。数年後、彼らは全員一緒にゴルディーニ・フォーミュラ1チームとなった。

© The Klemantaski Collection

1953

第5章:ミッレミリア、最初の挑戦

　1927年、ブレシア出身のアイモ・マッジ伯爵とフランコ・マゾッティ伯爵という若い貴族は、自分たちの住む町ではイタリア・グランプリは絶対に開催されないことに憤って、その後伝説的ともなった1000マイルを走るレースを創設した。ミッレミリアは、ブレシアをスタートしローマを経てブレシアに戻るという公道を走って1周するレースだった。それはイタリアの国民的行事となった。スポーツカーやツーリングカーなら参加資格があるとされ、ドライバーとナビゲーター兼メカニックが、戦略を立てながら交互にハンドルを握って戦った。

　最初、ポールはピエール・ディテレンが貸与してくれる量産型のポルシェ356に乗るはずだったが、その年のレギュレーションが発表されるとその車はイタリアの名だたるメーカーのレース仕様車が戦うカテゴリーに組み入れられることになり、勝利する可能性は極めて低いことになった。そのため、彼は興味を持っていた大型ツーリングカーのカテゴリーで戦うことに決めた。

　ポールは最終的にアントワープでクライスラー代理店を営むベールマンがすべての準備をしてくれたクライスラー・サラトガに乗ることになった。ウィンドス

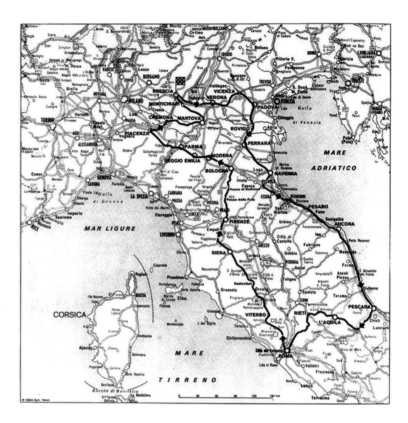

クリーン・ウォッシャーや、特製タイヤ、補助灯、コップ・シル・ロイ社製のフェードを防ぐブレーキシューといった改造が施され、クーリングファンと排気管の消音器は取り除かれた。また、当然のように大容量の燃料タンクがトランク内に追加された。さらに床のアクセルペダルを踏むことなくセミ・オートマチック・ギヤボックのサードギヤに入るようにする小さなスイッチとドライバーがブレーキを踏みながらセカンドにシフトダウンをするときにダブルクラッチを可能にするようにアクセルペダルにヒンジが最後に付け加えられた。この小さな改良は、クライスラーがモーターウェイで170km/hを記録するという多大な効果をもたらした。

1953年のミッレミリアで、1927年以来スターターを務めるレンゾ・カスタネートが、ベルギー人のフレール/ミル一組が運転する車重2.5トンものクライスラー・サラトガがスタートするのを見つめている。

ポールは、運転もでき、修理もでき、2週間も仕事を休むことができた良きチームメイトに期待しながらスタートした。彼は、理想的なコ・ドライバーとなる非常に情熱的なアンドレ・ミルーを見つけていた。RACB(ベルギー王立自動車クラブ)は、迅速にレギュレーションを精読して細かなホモゲーションの問題を解決してくれたが、これが功を奏してイタリア車に対してアドヴァンテージを与えてくれたというのが明らかになった。

2リッター以下のツーリングカーとしてホモゲーションを受けたアルファロメオ1900 TI は、4速ギヤで180km/hに達した。レーシングカーのようなチューンを受けているのは明らかだったが、組み合わさったいくつもの緩いルールではホモゲーションにおいて問題ないというあからさまな例だった。1953年4月20日、2人のベルギー人は、ブレシアを出発してローマへと向かった。そこでは、ポールの弟のジャンがベルギー大使館の書記官として働いており、ポールとジャンが準備した適切なピットストップを行うよう4本のスペアタイヤが置かれていた。

コースを試走してみて分かったことだが、摩耗の早いブレーキシューに気を使ってブレーキをいたわることが第一番なのだが、そうは言ってられない非常にくねくねしたセクションがあった。ポールたちはブレーキシューのスペアは持っていなかった。最後の最後に2台のジャガー・マーク7がエントリーするまでは、クライスラーは、2リッター以上のツーリングカーのカテゴリーでの唯一の車だった。土曜日の夜、ポールとアンドレがベッドに入ろうとするとき、フィアット・トッポリーノを改造した何十台もの車が既にローマに迫ろうとしていた。彼らは創意工夫を凝らして、何秒でも、何km/hでも速く走るように改造された車によるレースを展開していた。

休息も取れない夜を過した2人のベルギー人は、それぞれの車に付けられた1分刻みのスタート時間を示すナンバー(4時07分=407)に基づいてスタート地点に到着した。ポールは、ブレシアからヴェローナまでの道を良く知っているといたので、彼の前に出発した2台のジャガーを抜くことができた。しかし、2リッター以下のツーリングカーで最も速い1100ccのオスカや1900ccのアルファロメオと競うチャンスはなかった。2人の平均速度は、フェラーラまでは130km/hだったが、高速ではタイヤが遠心力で膨らんでしまいスタート地点ではゼロを指していたスピードメーターを信用することはできなかった。これは距離計によって計られる距離も同じように信用できなかった。

ペザーロで最初の給油ストップを行った。120リッターを給油し、ブレーキの調整を行った。燃料消費率は100km当り29.5リッター(3.39km/L)でポールの予測より低かった。ペザーロとペスカーラの間では通過速度が非常に速く、何カ所かでは大勢の群衆の中を170km/hで走った。これが本物のミッレミリアというものだった。

1953年、ミッレミリア、ラティコーザ峠をクライスラーが音を立てながら走って行く。

ローマに着く前の、わずか30kmしか平坦路がない600km以上も続く山岳路に挑む前の彼らの平均速度は130km/hだったが、彼らの7分後に出発したポルシェなどの速い2リッタークラスの車はまだ彼らを追い越していなかった。

この曲りくねったセクションでは、ドイツ製の小さな車はより良いハンドリングやより良いブレーキなど、いくつものアドヴァンテージを持っていた。ポールはローマまで誰も彼らを追い越す車がいなかったのでハッピーだった。しかし、イタリアのモータースポーツ界で青い瞳を持った若者として有名なルイジ・ムッソが運転する2リッターのマセラッティが到着するのを見たポールは本当に驚いた。ムッソは彼の63分も後にスタートしたのだった。何千人もの熱狂的な観客の中でムッソがローマに到着したことは、ベルギー人のポールにとって忘れられない記憶となった。

 Mille miglia 1953 (movie by Shell) Part 1/2

 Mille miglia 1953 (movie by Shell) Part 2/2

1953

ポールは弟のジャンによって巨大なベルギー国旗が掲げられたピットストップを示す場所に車を止めた。3人のメカニックが車の周りに群がって4本全部のホイールを4分間で交換し、迅速に燃料とオイルを給油して、ブレシアへ戻る道のりへと出発した。

安全に関して言えば、道路はレースのために閉鎖されてはおらず、警察による規制もなされていない。それゆえ、ドライバーは彼らが起こすいかなる事故に関しても責任を負うことになる。イタリア人観客の熱狂は、事故の可能性を何倍にもしてしまう。ある日、とんでもない事故が起きてミッレミリアが中止に追い込まれることになるのは必至だった。1957年にアルフォンソ・デ・ポルターゴが起こした死亡事故で、彼とコ・ドライバー、それに9人の観客が死亡した。

ポールがヴィテルベとシエナの区間を走っているときに、ブレーキの深刻なトラブルが始まった。彼は頻繁にペダルのポンピングを行わなければならなかった。シューがドラムに当たって出す典型的なキーキーと鳴く音は、ブレーキシューが擦り減って金属面が露出していることを告げていた。それにギヤボックスもクラッチも最後までレースを続けられるような設計ではなかった。そんなとき、ポールとアンドレは、マルゾットの運転する3リッターのフェラーリとファンジオのアルファロメオに追い抜かれた。2台は彼らから2時間も後にスタートしたはずだった。

1953年のミッレミリア、ベルギー人のポール・フレールとアンドレ・ミルーの乗ったクライスラー・サラトガは、2リッター以上のツーリングカーのカテゴリーで優勝した。

フィレンツェでは、ブレーキの問題でクライスラーの平均速度は112km/hに落ちてしまった。ポールは、ブレーキをいたわって普段より速い速度でコーナーに進入し、タイヤとサスペンションに負担をかけてもより速い速度でコーナーを曲がるように彼のドライビングスタイルを変えなければならなかった。ヘビーなブレーキングを必要とする山道がまだ100kmも残っていた。

ボローニャでは、道路に沿って6列や7列にも並んだおびただしい群衆が眼に入った。ボローニャでの平均速度は108km/hに落ちた。最後の給油を終えてもまだ233kmもの平坦な田舎道が待っていた。平均速度はわずかに上がり、直線では追い風の助けもあって車速は180km/hにも達した。

クレモナからブレシアへの最後のセクションは、自転車レースを見に来ているような少人数で集まった観客の間を走る凱旋パレードのような感じだった。

13時間38分と3秒で、クライスラーは、23年前にそのカテゴリーで勝って以来の2度目のクラス優勝をなし遂げた。2人のベルギー人ドライバーと彼らを信頼したベールマンにとって、最初のミッレミリアは成功だった。彼らは、2時間半もの差を付けてジャガーを破った。実はポールとアンドレにとっては、このコヴェントリー製の車のハンドルを握りたくて努力したのだが徒労に終わったことへのちょっとした復讐でもあった。

フランコルシャンでの量産車グランプリ

　ポールは、イタリアから家までもう1台のクライスラー・ニューヨーカーを運転して帰ってきた。この車は、ベールマンがフランコルシャンでの量産車によるグランプリにエントリーしていたものだった。前年、ポールはベールマンの車を運転するという約束をしていてその言葉を守ったのだ。ポールは、クライスラーの180馬力に対して205馬力を持ちハイドロマチック・ギヤボックスを持ったフォード・リンカーンの方を運転したかった。この2つのアドヴァンテージを持つならカレラ・パナメリカに出てくるすべてのアメリカ製ツーリングカーを打ち破ることができるように思えた。

　優勝する可能性がある車が何台もあるような激しいつばぜり合いを予想させるレースだった。ベールマンは3台のクライスラーをエントリーさせ、同じディーラーから5台のプリムスもエントリーしていた。フォードは6気筒を4台、リンカーンを3台エントリーしていたが、その1台は、レースでの人気者ジョニー・クラースが運転した。ベルギーの有力なドライバーは皆参戦していたが、ポールのチームメイトは、前年のライバルのジョルジュとブリアーノだった。予選でポールは、フォード・リンカーンに乗るクラースとトラセンスタを上回る最速タイムを出した。

　レースはポールが予想したように始まった。彼はリードしたが、ハイドロマチック・ギヤボックスと205馬力というパワーを誇る3台のリンカーンは、コンブまでに彼を追い抜いた。リンカーン勢は容赦なくクライスラーを引き離し、レースを45分も続けるとポールは32秒も後ろだった。

　ところが、勝負は最後まで分からないものだ。ポールの車は、突然何馬力かを得たようになってフォードとの差を縮め始めた。ポールはすぐにトラセンスタをとらえ、マルメディの出口で追い抜いた。次に、アマチュアドライバーとしては英雄的な戦いをしていたウォルモットに襲いかかった。

　ポールは、最終的にマスタ・エセスの出口でウォルモットを抜き、このときに平均147km/h、5分45秒のラップレコードを作った。彼は、クラースの後ろ5秒の位置に付けていた。クライスラーのピット全体がやきもきした興奮に包まれていた。

　レースが盛り上がったときだったが、ポールのタイヤはキャンバスがむき出してしまう程に擦り減って振動し始め、レースは終わった。もし、最も速い170km/h前後で通過するブルノンヴィル・コーナーでタイヤが破裂すれば、ポールには何が起こるか予想できた。

　レースが終わってからジャーナリストは、後半できるだけ速く走るというポールの素晴らしいレース戦術を賞賛した。彼らは、ジョニー・クラースは決してオーバーレヴさせないハイドロマチック・ギヤボックスを持ったエンジンで初期ではその優位性を楽しめても、リンカーンで使われているSAE10の粘度を持ったオイルではレースの間にオイルが過熱されてしまい、レースが続けばオイルサンプは完全に空になってしまうだろうと考えていた。

　その日の3番目のレースは量産スポーツカーによるレースだった。ポールは参戦して戦いたかったが車がなかった。優勝者は比較的経験が浅いベルギー人の新参者だったが、初めてにしては良い車を持っていた。旧式の2リッター12気筒エンジンのフェラーリに乗り、かなりの技術と頭の良さで、3.5リッター6気筒で180馬力を出すジャガーXK120を何台も打ち破ったのだった。彼の名前はオリヴィエ・ジャンドビアン。ポールが予想し、結果としてそうなったが、オリヴィエはレーシングドライバーとして素晴らしい未来を持っていた。

1953年、ポールは量産車によるグランプリでクライスラー・ニューヨーカーに乗って戦った。

第6章:偉大なドライバーたちの中で
1953年、ニュルブルクリンクで開催された アイフェルレンネン・グランプリ

ジョン・ヒースは、自分の小さなチームがHWM (ヘルシャム・ウォルトン・モーターズ)のマシンを走らせ続けグランプリレースで生き残れるように経営を切り盛りしてきた。彼は、1953年5月31日ニュルブルクリンクで開催されたアイフェルレンネン・グランプリに3台のマシンをエントリーした。これらのマシンはいたる所に多くの改造をされて、オリジナルで残っていたのはアルタのエンジンブロックだけだった。3台のマシンがサーキットに到着したのは非常に遅かったので、出走準備が充分に終わっていない状態だった。ポールは金曜日に練習で3周しベストタイムは10分52秒だった。

レース当日は雨で、ポールとチームメイト達は、前座のレースをいくつも観た。最も興味深かったのは1500cc以下の魅力的な量産スポーツカーのレースで、20数台ものポルシェが参加していた。ベルギーの女性ドライバー、ジルベルト・ティリオンはレーシングモデルである彼女自身のポルシェを走らせて渾身のタイムを出した。結果、スタート最前列を獲得したが、彼女の車がこのカテゴリーに出走できる資格を持っているかが疑問視され、残念なことに彼女は借りたポルシェで列に着いた。

彼女は雨が嫌いで非常に怖がっていたが、素晴らしいスタートを切り南カーブではリードを築いた。ピット裏の短いストレートでも彼女はリードを続けた。観衆は、4時間も降り続いた雨で意気消沈していたが、突然目を覚まさせられた。彼らは非常に特別な光景を観ていることに気づいた。若い女性が男の群れに追われているのだ。マーシャルポストからマーシャルポストへとレース解説者は叫び続けた。"111番は、まだトップを走り続けています"。

第1周が終わってもジルベルトのポルシェはまだ一番前を走っていた。観衆もピットも喜びで大興奮だった。彼女は、フォン・フランケンベルグやホイベルガーといった熟練のドライバーや、翌1954年にはメルセデス・ベンツ・チームに招聘された若手のドライバー、ハンス・ヘルマンをも寄せつけない走りを続けていたのだ。

ジルベルトはポルシェを落ち着いて正確に操縦していたがプレッシャーのため、2台の車に抜かれるのを阻止できなかった。彼らを抜きかえそうとしたが、激しい雨の中でスピンしてリタイアした。しかし彼女の活躍は見逃されなかった。表彰式のとき、競技長によってこの活躍を記憶に残すために特別賞のカップが授与された。そして、その日の勝者に与えられた以上の賞賛が彼女に送られた。

グランプリが始まったとき、雨はまだ降り続いていた。マセラッティで6列目からスタートしたトゥーロ・ド・グラッフェンリードが、スターリング・モスを従えてレースをリードした。スイス人のマシンはライバルに比べて非常に速かった。レースの終盤には、ピーター・コリンズとポールが、2位と3位に付けていた。ポールはイギリス人ドライバーのコリンズより調子が良くなってきた。ポールは、「2位、ド・グラッフェンリードより1分0.7秒遅れ」のサインボードを見た。コリンズは車載の消火器が転がってブレーキペダルの下に挟まり、それでスピンしたので非常に怒ったが、それでも3位で完走した。このグランプリは、このベルギー人とイギリス人の親愛なる友情の始まりであった。彼らは、もっと大きなレースである1955年のル・マン24時間レースで一緒に走ることになった。

有名なベルギー人の女性ドライバー、ジルベルト・ティリオンが、1954年のチューリップ・ラリーで彼女のポルシェの隣に写っている。

訳者注:ホール・フレールは優勝したド・グラフェンリードからわずか1.7秒遅れの2位でレースを終えた。

1953年 ル・マン24時間レース、ポルシェに乗って

ポルシェは、1953年はリエージュ・ローマ・リエージュ・ラリーとル・マン24時間レース以外にはワークスカーをエントリーしない、という声明をその前の冬に出していた。というのは、それまでの標準のポルシェだと1350ccのイタリア製マシン、オスカには勝てる見込みがなかったからだ。そのためポルシェ博士は既存のエンジンを新型の軽量シャシーに積み、その上に改善された空力特性を持った流線型のアルミボディを載せた新型車を1953年にエントリーさせた。

新型車の車高は1.15mで、車重は550kg以下だった。そのような軽量なマシンの場合の主な問題は重量配分だった。1500ccエンジンはリヤのオーバーハングに搭載するように設計されていたが、それは車のバランスを破綻させる原因にもなっていた。そこで、ポルシェは、シンプルにパワートレインの向きを逆にして、エンジンはリヤアクスルの前に配置して、ギヤボックスをリアオーバーハングに収めた。

ポルシェは2台の1488ccモデルと、1台の1100ccモデル、あわせて3台のマシンをル・マンにエントリーした。さらに前年にもエントリーしたフランスからのプライベートエントリーのマシンもあった。フシュケ・フォン・ハンシュタインはポールに新型車の1台に乗るように言った。そして、もう1人のレーシングドライバーでジャーナリストでもあったリヒャルト・フォン・フランケンベルグとチームを組ませた。予選を走ってみると、ポールは、この新型マシンはいかに速いかが分かった。ただ、

1953年、ル・マン24時間レースにて。ポールは、新型ポルシェ1500ccの1台をドライブした。

この非常に低いマシンでは屋根と擦らないようにヘルメットの高さを変更しなければならなかった。唯一の難点は、フロントに置かれたオイルクーラーの取り付け方が悪くて130℃にも達する油温だった。

ポルシェ博士が目指したのは、1500cc以下のクラスで優勝することとほかのドイツやアメリカのメーカーが興味を示していなかった性能指数だった。ポルシェは、ドイツ国内での主なライバルだった1500ccのボルクヴァルトを打ち破らなければならなかった。ポールは、第45号車に乗って最初のスティントを走るように要請された。シュツットガルトから来たポルシェ社のキャンプの雰囲気は落ち着いていた。15時55分、車の反対側に描かれた小さな白い丸の中に独りいたポールは何も不安を感じていなかった。2台の新型ポルシェに乗るドライバーは、フォン・ハンシュタインの5000rpm　以上エンジンを回すなという指示を守った。そして、日曜日の2時までには、オスカやゴルディーニといったライバルは脱落してしまい、ボルクヴァルトのトップを走る車でも10周遅れとしていた。

1953年のル・マンにて。フレール／フォン・フランケンベルグ組の1500ccポルシェが車検を受けている。

ポルシェ550の平均速度は150km/h辺りだった。ドライバー達は会社の勝利という目標を確実にするようペースを落とせと指示された。ポールはヒーレーやフレーザー・ナッシュに追い抜かれる度に冷ややかな感じを覚えた。デッドヒートを演じてフィニッシュラインを越えるようなことは起こらなかった。ポルシェは目標を達成したが、ドライバー達は大きな喜びは感じなかった。ポールは、ほかのどんなドライバーであってもレースの終わりに彼のように上手くドライブさせられないだろうと感じた。アルファロメオやフェラーリのような巨人との戦いを征し、前年にメルセデス・ベンツによって作られた距離記録を350kmも更新して、1位、2位、そして4位を占めて勝利したジャガーのことを考えずにはいられなかった。それがレースというものだった。

　1953年シーズンは低調に終わった。ベルギー・グランプリで、彼は再びHWMをドライブし、名前も覚えてもらえない10位で完走した。フェラーリに乗ったアスカリとヴィレローシがレースを支配し、ファンジオは、ジョニー・クラースに与えた新型6気筒マセラッティを召し上げた。彼は最終ラップでリタイアしてしまい、不幸なベルギー人とF1世界選手権で2位に与えられる6ポイントを3ポイントずつ分けることはできなかった。このレースでは、マセラッティに乗ったアルゼンチンからの新参者オノフレ・マリモンが才能を世に知らしめた。彼はこのベルギーの有名なサーキットをアスカリと同じように速く周回したのだった。

ランス12時間レースとA.C.F.グランプリ

　2週間後、ポールはランスで行われるA.C.F.グランプリ(フランス・グランプリ)の前哨戦として開催された12時間レースに初めて参加していた。彼はジャガーXK120のエンジンを積んだHWMのスポーツカーでエントリーした。このマシンは優勝の可能性を秘める程の充分な速さを持っていたが、長距離レース向けではなかった。なんとドライバーの脇に補助タンクを増設しなければならなかったが、これがハンドリングを悪化させ、5時少し前に起きたリタイアの原因となった。右側のタイヤがボディと接触しタイヤのトレッドを飛ばしてしまったのであった。

　その時、マリオーリとカリーニの運転する4.5リッターV12気筒フェラーリがレースをリードしていたが、5時より前にライトを消したことで失格させられようとした。もちろんこの決定に対しては、スクーデリア・フェラーリのチームマネージャーだったネロ・ウゴリーニにより抗議が行われた。これがドタバタ劇を引き起こした。競技長のシャルル・ファルーは、いったい誰が真実を言っているのかを見つけなければならないという問題を抱えてしまった。その間にフェラーリは給油のために止まり、フロントのライトを点け、リヤのライトを消していた。押しがけでスタートさせると黒旗が掲げられたが、ナンバーは表示されていなかった。これはCSIの規則に違反するものであった。とにかく大きな混乱だった。最終的に、マリオーリは命令に従ってピットで停止したが、コース上は不満を表すために観客が投げ込んだ花によって埋まった。

　ウゴリーニは、モデナのエンツォ・フェラーリに電話をして何が起きているのかを報告した。ボスは、A.C.F.グランプリに派遣した4台のマシンを引き上げるように命じた。長い議論の末に、フェラーリは最終的にはレースに戻った。1953年のA.C.Fグランプリは、幸運な選択により歴史に残る盛り上がりを見せた。

1953年のル・マン24時間レースで、フレール／フォン・フランケンベルグ組がドライブしたNo.45ポルシェ。

Firing On... Six!
1953 HWM Jaguar

スタートからフィニッシュまで、フェラーリに乗るアスカリとホーソンの間、マセラッティに乗るファンジオとゴンザレスの間でも何でもありのレースだった。パンパス・ブルと呼ばれたゴンザレスは、燃料タンクに半分しか入れずにスタートするというありえない戦略のレースをした。彼のマシンはチームメイトのファンジオやフェリーチェ・ベネットより軽かったので、スタートで彼らを抜きレースをリードしてライバルを置き去りにしたが、29周目に給油しなければならなかった。ファンジオとホーソンが抜き去って、フェラーリとマセラッティに乗るドライバーの間で、抜きつ、抜かれつの接戦を繰り広げられて、最終コーナーまで勝者が誰になるか予想できなかった。1速のギヤが使えなくなっていたファンジオは、ティロワのヘアピンまで少し速く入ったがわずかに動きを乱し、フェラーリでのデビューレースとなったホーソンがかろうじて抜き、チェッカーフラグを受けた。これがホーソンにとってメジャーレースでの初めての勝利だった。優勝者と4位になったアスカリとの間は5秒もなかった。報道陣は、「世紀のレースだ！」と書き立てた。

ニュルブルクリンクでのメルセデス・ベンツのテスト

1953年の1年間、メルセデス・ベンツは翌年からのファクトリーマシンによるレース活動の再開を準備していた。同時に新しい規則が導入されてF1マシンのエンジンは最大排気量が2.5リッターに決められた。同社は、ミッレミリアやル・マンのスポーツカーレースにも同じ年にエントリーすることを決めていたが、この計画は、最終的に1955年まで延期された。

このドイツの自動車製造会社は、ドライバー達を必要としていた。ポールはある晴れた朝、伝説的なメルセデス・ベンツ・チームのボスであった偉大なアルフレート・ノイバウアから招待されて"リンク"に来ていた。会社の広報部長で、とても親交の深かった故ゲルハルト・ナウマンにより強く推薦されたポールは、唯一の外国人ドライバーだった。

ハンス・クレンク、カール・クリンク、ハンス・ヘルマン、ギュンター・ベッケム、フリッツ・ライスなどのほかのメンバーも顔を揃えていた。用意されたマシンは、前年のル・マンで優勝した300SLで、1台はオープン、1台は屋根付きだった。メルセデス・ベンツのコンペティション部門のトップも集まっていた。ノイバウアに加えて、エンジニアのナリンジャー、ウーレンハウト、コスタレツスキにガイエル、それに公式計時係、すべてのメカニック、エンゲルベルトとコンチネンタル・タイヤのスペシャリストなどは、サーキットに隣接したスポーツホテルに宿泊していた。

プラクティスが始まり、3分間の間隔を空けて最初に出発して行ったのは、クレンクとベッケムだった。15分後、どちらの車も姿を現さず、電話がかかってきてスタッフに酷い事故が起きたと告げた。不運なハンス・クレンクは、ポストロン橋の前でコースから飛び出した。普通なら80km/h

1953年、ニュルブルクリンクにて。ポールは、クリンク（ハンドルを握っている）、ヘルマンそれにクレンクと一緒にメルセデス・ベンツ300SLプロトタイプのテストをするよう依頼された。エンジニアのフリッツ・ナリンジャーとポーズを決めている伝説的なチームマネージャーのアルフレート・ノウバウアが車の横に立っている。

で回るコーナーをブレーキシステムの圧力が低下していたので160km/h前後の速度が出ていたからだ。彼の脚はとても酷く骨折して、1年後もまだ完全に回復しておらず療養を続ける程で、再びレーシングカーを運転することはなかった。ポールにとって、当時のレーシングドライバーがいかに危険だったかを思い出させる出来事だった。

テストは翌日に再開され、ベルギー人のポールとハンス・ヘルマンとの戦いが白眉だった。ヘルマンはその日の最速タイム10分47秒を出し、ポールは、そのタイムにわずか4秒遅れだった。さらに、彼はオープンのスパイダーボディでの方が速かった。そういうわけで、彼らは事実上同じだった。こうして、ヘルマンはメルセデス・ベンツ・チームに加入することになり、ポールはル・マンでのチームに加わることになっていた。しかし、計画は延期され予定通りにマシンが用意されることはなかった。

訳者注：写真の300SLプロトタイプは1952年8月3日のニュルブルクリンクスポーツカーGPにエントリーし、㉓テオ・ヘルフリッヒのドライブで4位となったマシンである。

1952 Mercedes 300SL

1952 Mercedes 300SL
No.23 model

1953

1953年 フランコルシャン24時間レース

　ニュルブルクリンクの後、ポールは24時間レースの予選のためにフランコルシャンに直行した。観客の興味を引くためにRACB(ベルギー王立自動車クラブ)は、車の出力をベースにした新しいハンディキャップ方式の導入を決めていた。総合的に見れば良いアイデアだったが、ハンディキャップの係数を計算する科学的に優れた方法が取り入れられてはいなかった。公平性を保つ何も信頼すべき基本がないままにスポーツカーとツーリングカーは混同されていた。加えてスターティングマネーを支払うことがなかったので、ランスとル・マンでのゴタゴタの中でレースを征したフェラーリを除くメジャーな自動車メーカーが参加を取りやめていた。

　レースは、この支離滅裂な新しい方式を採用した結果、小さなパナールが総合優勝し、総合で一番長い距離を走ったホーソン／ファリーナ組のフェラーリは、14位ということになった。ポールは、このレースに参加するつもりはなかったが、デリテラン社のリエージュ支店のマネージャーから来た、ドイツから1100ccポルシェで参加したハンベルというドライバーが組んでくれるドライバーがいないので乗らないかという話を受けることにした。ポールは、それを引き受けた次の日の16時には、24時間レースのスタートに参加していた。今日と比べるとまったく別の時代だった。

　ポールは、1年前にHWMでもコースアウトしたことはあったが、初めてフランコルシャンでリタイアしてレースを終えた。彼は、フォード・ヴェデットを改良したシミールに乗ったフランス人のアンプーリを追い上げて2度目の周回遅れにしようとしていた。レ・コンブのコーナーから追い越しをかけたが、アンプーリの後ろで何が起こっているかを気にせずにコース一杯を使って走っている経験のないアマチュアドライバーを追い越せなかった。ホロウェル・コーナーでアンプーリが幅寄せしてきたので、ポールは左側の車輪を草の上に乗り上げてスピンして野原につっこんだ。恐怖はあったが、1周遅れでレースに復帰できた。しかし夜間にギヤボックスが壊れてリタイアするということになってしまった。

ブレムガルテンにおけるスイス・グランプリ

　ポールのシーズン最後のレースとなったのは、ベルン近くの公園に設けられたブレムガルテン・サーキットで行われたスイス・グランプリだった。スイス・グランプリは、1955年のル・マンで起きた惨劇の後、カレンダーから消えていくことになった。ポールは、再び準備が悪いアルタ・エンジンを積んだHWMに乗った。ソレックス・キャブレターは、きちんと作動してエンジンのバラついた音はなくなっていた。ギヤボックスは、その前の夜にイギリスから飛行機で運ばれてきたパーツを使って夜の間に急いで組み立てられたものだった。ポールはそんなマシンをグリッドにつけた。初めて参加したルイ・ロジェのフェラーリのリアに追突した後、ポールは何とか2周したがそれ以上は無理だった。レース後、それは、ポールがおかした間違いではなかったとスポーツマンであるこのフランス人は認めてくれた。

ブリュッセルからボンベイまでの自動車旅行

　1953年の初夏、ポールは、ブリュッセルからボンベイまでの旅行に加わらないかというレイモンド・ボッシュマンからの手紙を受け取った。旅の目的は、道中の歴史的な場所や異なる文化に関するドキュメンタリー番組を制作することだった。この旅行のためにボッシュマンは4台の車を用意していた。2台のランドローバーと2台のアームストロング・シドレー・サファイアのサルーンだった。ポールは、その1台を運転し、毎日、旅行の進行に関する原稿を書いてベルギーの日刊新聞に送ることになった。帰国後、彼が旅行全体の本を書くことが同意された。

　なぜベントレーやジャガー・マーク7に似たシドレー・サファイアのような大型で扱いにくい車を選んだのだろう？ 特に途中通過する国々では、スペアパーツは非常に見つけにくい稀な物だった。実は、ボッシュマンにはある企みがあった。彼は、マチュー・ヴァン・ロッゲンというベルギーの実業家で、1930年代にインペリアというベルギー製高級車を作っていた会社の元社長だった人物の援助を得ていた。

大恐慌の後、インペリアは、生き残った2つのベルギーの自動車会社だったミネルバとエクセシオールと合併するように強制された。しかし、彼らは生産を止めて、ドイツ車のアドラーをライセンス生産する道しかなかった。

第二次大戦後、ヴァン・ロッゲンは、元のミネルバ社の工場があったアントワープで、"新生ミネルバ社"を設立した。彼の密かな夢は、この有名なブランドの復活だった。しかし、彼には、一から自動車を設計して開発するような資金はなかった。そこで、彼はイギリスのアームストロング・シドレー・サファイアを組み立てて、古いミネルバに似せた新しいグリルを付けることを決めた。彼は、元のベルギー製の豪華な車の名声を利用しようと狙っていたのだ。この旅行の隠された目的は、ベルギーの市場で新しいミネルバ車を「ミネルバ・トリップ」の名前で売り出そうというものだった。

旅行は、1953年の10月から12月にかけての3カ月続いた。それをここで語るととても長過ぎる記述となるが、最終的に旅は上手くいった。ドキュメンタリーは撮影され、ポールはボンベイでアームストロング・シドレー・サファイアをヴィクトリア号に積み込んでナポリ経由でヨーロッパに戻った。ナポリには、弟のジャンが待っていた。ジャンはローマ駐在のベルギー大使になっていた。ポールは陸路でシドレー・サファイアをアントワープまで運び、車は点検のために完全に分解された。ポールはこの素晴らしい旅行の本を書いて、1954年にジャリック社から"La croisière Minerva(ミネルバ旅行記)"という名前で出版された。

ポールは、再び組み立てられた美しいイギリス=ベルギー製のリムジンを受け取るはずだったが、最終的にはミネルバ社が破産してしまったので何も受け取れなかった。礼儀正しく純真過ぎて、度々支払いを受けられなかった典型的なポールの出来事のひとつだった。

1954年 フランコルシャンでの量産車グランプリ

フランコルシャンでの量産車グランプリの規則は非常に好評だったが、1954年には完全に変更され、1950年の規則に立ち返ることになった。そのきっかけは、1953年のフォード・リンカーンの独走だった。主要な自動車メーカーは、そのような改造を大目に見られなくなり、レースの主催者は量産車の個人参加の車ということに厳格にならなければならなかった。エントリーした車のオーナーは名誉にかけて、改造を行っていないと誓わなければならなかった。

1953年、アントワープ出身の古代美術の熱烈な愛好家の夫婦がブリュッセルからボンベイまでの個人的な自動車旅行に参加しないかとポールを誘った。4台の車による旅行で、10歳の息子ジャン=ピエールを連れたピエール・レヴィとその妻により映画が撮影された。2台のランドローバーと2台のミネルバに似たアームストロング・シドレー・サファイアだった。法学部の学生ギイ・ド・ピエルボンは、予想外のメカニックとしての技術を披露した。

ポールが昼間に車を運転し、撮影隊は、ランドローバーに装備された発電機からの電気によるスポットライト照明でペルセポリスの薄彫りレリーフの撮影を行った。

1954

物事は1950年当時と違っていた。事実、フォードは、アントワープのディーラーを通じて非公式にワークスカーをエントリーしていた。このマシンは、エントリーしたカテゴリーでは唯一のOHVのV8気筒エンジンを持ち、打ち破れないように見えた。クライスラーディーラーのベールマンは彼個人の車を、前年のラップレコード破ることを主な目的としていたポールに託した。彼は、平均速度150km/hで5分39秒のラップ出して、ラジオのコメントを聴きながら駆け足で走ってレースに優勝した。

ポールはその日行われた別のレース、2600cc以下の量産ツーリングカーレースにエントリーしていた。リエージュ近郊のネソンヴォーにあったインペリアの工場は、ベルギーにおけるアルファロメオの組み立てを担っていたが、そこから1900TIが1台ポールに託された。当時、国際的に認められていた1953年のイタリアでの規則に適合した量産車のレーシングカーだった。"Les Sports"という新聞の社長だったピエール・スタスが、もう1台の1900TIをドライブした。ほかにもベルターニとマルティゴーニという2人のイタリア人が参加したが、マルティゴーニは、最後の予選走行に間に合ったが10周しか走れなかった。

プライドが少しばかり過ぎたのだろうか、ファクトリーが隠した改造が少しばかり過ぎたのだろうか、それは疑問だが、ポールは予選で4分52秒の最速タイムを出した。RACBの競技長レオン・スヴェンが旗を振り降ろすとマルティゴーニがリードを奪い、もう1人のイタリア人ベルターニもレ・コンブの登りでポールを抜いたが、ポールはコーナーの入り口で抜き返し、ブルノンヴィルへ続く下りでマルティゴーニも追い越した。

彼の戦略は明らかだった。サーキットを知り尽くした彼は、スリップストリームに入られるのを防ぐために充分過ぎる間合いを空けた。ベルターニはすぐにレ・コンブでコースを飛び出した。スタスはマルティゴーニを抜き、レース後半には前に出てサーキットに慣れ親しんだように感じ始めたころに、ポールに続いて2位で旗を振られた。

ポールは、スポーツカーレースには参戦しなかった。勝利したのはジャガーXK120Cに乗ったオランダ人のダーヴィツだった。小さなトライアンフTR2に乗ったライツヘンスとフレディ・ルセルは非常に速かったが、ルセルがようやくトップに立ったときに接触してしまい優勝したダーヴィツと同じ周回の5位に終わった。3年後のル・マン24時間レースに"エキューリ・ナシオナル・ベルジュ"としてジャガーDタイプを走らせたとき、ルセルは一緒に走ったポールに感銘を覚えた。この日の2つのレースが、ポールが1954年に勝ち取ったわずか2つの勝利だった。

1954年フランコルシャンで行われた2600cc以下の量産ツーリングカーグランプリにアルファロメオ1900TIに乗って優勝した。

1954年ル・マン24時間レース

ポールは、前年ニュルブルクリンクで選考テストを受けたので、そのシーズンのハイライトは、メルセデス・ベンツ・チームの一員としてル・マン24時間レースに参加する事だろうと考えていた。物事はそういうふうにはならなかった。6月にはレースカーは準備されないと知らせる電報を受け取ったのだ。彼は、すぐにデヴィッド・ブラウンに連絡を取り、テキサス生れのキャロル・シェルビーとチームを組んでアストンマーチンに乗る事になった。イギリスのチームは5台のマシンをエントリーした。3リッター6気筒のDB3Sが4台(2台のスパイダーと2台のクーペ)それに4.5リッターV12気筒のラゴンダだった。原則に従ってポールの乗ったマシンは、ホワイトにブルーのストライプを入れたUSカラーに塗られたていた。それは、4台の中で最も遅かったが、レースの後で、あるアメリカ人に買われる事になっていたのだ。

1954年のル・マン24時間レースは、アストンマーチンにとってマシンが次から次へと脱落していき実に惨憺たる結果だった。ラゴンダはレースが始まって2時間後にはエセスの森でクラッシュした。シェルビーはミュルサンヌで砂に埋まり2周を失ったが、自分でマシンを何とか掘り出した。0時ちょっと前、ジャッキー・スチュワートの弟、ジミーのアストンマーチンは、メゾン・ブランシェのコーナーの前で横転してレースを終えた。ジミーは骨折した腕でマシンから奇跡的に脱出した。

0時30分、ポールのマシンをシェルビーが運転していたとき、スタブアクスルが折れ、ホイールがずれて停止した。これで残りは2台となった。ピーター・コリンズとプリンス・ビラの乗るDB3Sも総合の5位を走っていたが、まだ夜が明けないうちにスチュワートと同じ場所でコースアウトした。マシンは壊れたが、ビラは無傷で脱出した。唯一生き残ったのは、ベテランのレグ・パーネル／ロイ・サルヴァドリ組が走らせるスーパーチャージャー付きのバージョンだった。日曜日の朝8時30分には5位につけていたが、2時間後にシリンダーヘッドのガスケットが吹き抜けて動きを止めてしまった。疲れきり意気消沈したデヴィッド・ブラウンのチームは、即座にサーキットを去った。

レース先頭では、ロルト／ハミルトン組のジャガーDタイプとゴンザレス／トランティニアン組の4.9リッターV12気筒のフェラーリ375プラスの間で激しい戦いが繰り広げられていた。両車とも同一周回で走っていた。レースも残すところ後2時間、ロルトがミュルサンヌの砂の中でもがいている間にフェラーリは2周の差をつけた。

Dタイプは最後の給油のためにピットストップを行い、トニー・ロルトに交代してコースに戻った。同じようにトランティニアンがピットに入り、最後のスティントをゴンザレスに渡した。アルゼンチン人のゴンザレスがスターターボタンを押しても何も起きなかったとき、フェラーリ陣営にパニックが走った。そして雨はレース中で最も激しく勢いを倍にして降ってき

1954年のル・マン24時間レースでポールとテキサス生れのキャロル・シェルビーによりドライブされたアストンマーチンDB3S

た。興奮したイタリア人のメカニックは、ボンネットを開けV12気筒エンジンの内部に手を伸ばした。そして最後にはエンジンがしゃくり上げるような音を出した。

ロルトはもう一度止まりたかったが、チームは彼をコースに戻した。ゴンザレスは、きちんとエンジンを止めたマシンに戻った。再びボンネットが開けられ、スクーデリアのチームマネージャー、ネロ・ウゴリーニは、ストップウォッチを手に持ち周回して戻って来るジャガーを待ちながらコースを心配そうに見つめていた。そのとき奇跡が起こった。V12気筒エンジンは轟音を発して息を吹き返し、ゴンザレスはピットから降りしきる雨の中へと走り出した。メカニックはフェラーリを非合法な手段でスタートさせたのだろうか？ ジャガー社のボス、ウィリアム・ライオンズは敢えて抗議をしなかった。彼にとって、勝利とはコース上でつかみ取るものであって、審問の部屋の中でなされるものではなかった。

ロルトは、まだフェラーリの後に位置していたが、何も見えなかった。ダンカン・ハミルトンがマシンに飛び乗り最後のスプリントを見せたが、イタリア車をとらえることはできなかった。そしてフェラーリは、ジャガーに90秒先んじてチェッカーフラッグを受けた。この数年間コヴェントリーのキャットに負かされ続けたフェラーリにとって、甘美な復讐のときであった。

ベルギー・グランプリ

HWMはF1の世界から姿を消してしまい、ポールは、母国で行われるレースのためにマシンを探し始めた。彼は、アメデー・ゴルディーニのことを考えていた。イタリア系フランス人のゴルディーニは、1952年のオランダ・グランプリでポールを信頼してマシンを委ねていた。ポールは、1950年にゴルディーニのドアをノックしたことがあったが、ジャーナリストとしてであった。しかし、インタビューは退屈なもので終わってしまった。ゴルディーニは、ポールにレストランまで車について来るように言って、パリの街の中をスラロームするように車を走らせた。

1954

ゴルディーニは、ポールのドライバーとしての腕をテストしようとしたのだろうか？ そのとき、ポールは大型の2.5リッターエンジンを積んだジャガーに乗っていて、アメデーの運転する小型で俊敏なシムカ8を追いかけるにはあまり適した車とはいえなかった。彼らが止まったとき、アメデーはポールに「良い車に乗っているじゃないか！」と言った。このとき以来彼らは友人同士となった。こんなことがあったので、ポールは、ベルギーでのグランプリでゴルディーニなら彼にマシンを与えてくれると確信していたのだろう。ゴルディーニのマシンは、ポー・グランプリでマセラッティやフェラーリを破ったばかりだった。2.5リッターの新しいレギュレーションに合わせたマシンだったが、それまでの2リッターモデルから派生したモデルだった。ポールはプラクティスで乗ってみて、優れたハンドリングを持っていることに嬉しい驚きを感じていた。残念ながら彼のゴルディーニは、オイル漏れが激しくて長い間動かすことができなかった。

ベルギー・グランプリは、17周目にリタイアしたポールにとって残念な結果に終わってしまった。ジャン・ベーラもトランティニアンのフェラーリとのバトルでリタイアを余儀なくされた。ザントフォールトとアルビで酷い事故を起こした後だったが、アンドレ・ピレットが5位で完走して魔術師の名誉を守った。ファンジオは、マセラッティ250Fをドライブして優勝した。この偉大なイタリア製マシンにとって1954年から55年にかけては、グランプリレースで唯一の勝利となった。

モンツァでのスーパーコルテマッジョーレ・グランプリ

ポールは、イタリア最大の石油会社がスポンサーとなり、3リッターまでのスポーツカーによって行われるモンツァ1000kmレースのために再びゴルディーニ・チームに加わった。巨額の現金で用意された賞金が多くのドライバーを引きつけた。ベルギー人のポールはジャン・ベーラと一緒に新型の3リッター・ゴルディーニをドライブすることになった。モロッコから参加したアンドレ・ゲルフィとジャッキー・ポレが2.5リッター版のハンドルを分かち合った。

いつものごとく、最終予選にちょうど間に合うようにマシンは到着したが、最終予選は酷暑の中で行われた。大きな方のゴルディーニは、ル・マンで登場したメシエ製のディスクブレーキを装備していたが充分なテストは行われていなかった。時々、ペダルがスポンジのようになり、ドライバーは自信を奮いたたせなければならないのにマシンから何の反応もなくなっていた。ゴルディーニはそれでも速く、ドライバーは中央に位置していたのでシングルシーターのようなハンドリングだった。F1エンジン直系の3リッター4気筒エンジンを積んだフェラーリがフランスから来たチームの最も手強いライバルだった。

不運なことに、金曜日のプラクティスの最中にファリーナが酷い事故にあった。トランスミッションのシャフトが壊れて燃料パイプを切断してしまったのだ。マシンは230km/hで炎に包まれたがすぐに止まりファリーナは引きずり出された。彼は両足の重篤な火傷から回復するのにベッドの中で数カ月も過さなければならなかった。マイク・ホーソンがファリーナの当座の代役を務めることになった。

1954年のベルギー・グランプリで、ポールは、魔術師と呼ばれたアメデー・ゴルディーニの手作業に視線を注いでいる。

ポールは素早くサーキットに慣れ、彼のタイムは最速タイムと同等になった。彼のゴルディーニは大型の燃料タンクを備えており、フェラーリが2回の給油をしなければならないのに対して必要な給油は1回だけだけだったので、優勝するチャンスが充分にあった。レース当日は太陽が照りつけてドライバーを疲れさせた。スタート直前に嵐が起きて、フランス製のボディに開いた穴から涼しい空気だけでなく水がコクピットに流れ込んだ。

ベーラがドライブしたゴルディーニは、レース前半、夢のような走りを見せた。ポールはベーラがレースの中程で給油に入ったときにマシンを引き継ぎ、3位でレースに復帰した。さらにレースは150kmも続き、レズモのカーブでポールが異常なノイズを聞いたとたんエンジンはパワーを失った。彼はピットに止まるとアメデー・ゴルディーニは、ロッカーアームが壊れたのだと診断した。彼は自分でカムカバーを開け壊れたパーツを交換した。チームの優勝への希望は打ち砕かれ、15周後同じノイズが繰り返して発生した。このときのトラブルは末期的なもので、フランス人とベルギー人の2人組は、素晴らしいドライブは行ったがリタイアしなければならなかった。

しい。ほかのマシンは夜中に到着した。4台のゴルディーニが輝いていた。青に塗られたのは、ベーラ、ポレ、それにポールのマシンで、黄色のマシンはピレット用だったが、ジョルジュ(ジョジョ)・ベルジェが交代した。彼らは予選を走らなかったので、グリッドの後方からのスタートとなった。

ファンジオとクリンクのドライブするメルセデス・ベンツのマシンはレースを支配した。どのイタリア製マシンも彼らのペースについて行けなかった。ホーソンとゴンザレスのフェラーリはレースの早い時期に走ることを止めた。アスカリのマセラッティも同じだった。ポールは彼のマシンに非常に満足して、順位を上げるための戦いを始めた。彼は、油圧が下がり始めたとき、ゴルディーニ勢の中では最も上位の6位で走っていた。彼がピットインすると、2台のシルバーアローが降り始めた雨粒を雲のように巻き上げながら追い抜いて行った。

メルセデスの2人のドライバーは非常に驚いただろう、なぜならポールはコーナーで彼らを捕らえ、クリンクを抜いたのだ。ポールは、2台のドイツ製マシンにサンドイッチされた状態で12周も走った。これには、サーキットを埋めたフランス人の観客も大喜びだった。

1954年のA.C.F.グランプリにて、ポールは素晴らしいパフォーマンスを見せたが、勝利は得られなかった。

ポールは、シルバーのマシンを間近で観察したが、彼らのトップスピードは、ポールのゴルディーニより30km/hも高かったし、驚くべきロードホールディングの良さを持っていた。とはいえ、彼らのブレーキ性能はウイークポイントのようだった。ポールがブレーキをかけるよりもっと早めにブレーキを踏んでいたのだ。ポールは、5位という成素晴らしい績でグランプリレースを完走した。

1954年ランスにおけるA.C.F.グランプリ

ポールが次にゴルディーニをドライブしたレースは、フランス・グランプリだった。またマシンは予選に間に合わず、ベーラのマシンだけが金曜日の予選が終わった10分後に到着した。彼は、大急ぎでマシンの準備を済ませてパリから公道を走って来なければならなかった。ゴルディーニのオープンエクゾーストから爆音を出しながら車を次々と追い越して行くのを想像して欲

GP de France 1954 . Résumé
de 9 minutes . (En Allemand)

1954年ランスで行われたA.C.F.グランプリではシルバーアローが復活した。ファンジオとクリンクが、メルセデスベンツに乗って最前列を分け合った。アスカリのマセラッティも最前列だったが1周目でリタイアした。

しかし、ティロワでコースを出るときに、ポールはリヤアクスルがオイル切れで壊れたことを示す異音を聞いた。群衆は、彼にスタンディングオベーションを送ったが、またしても彼はゴルディーニにがっかりさせられた。

ニュルブルクリンクで開催されたドイツ・グランプリ

8月1日にニュルブルクリンクで行われたドイツ・グランプリで、ポールは再びゴルディーニをドライブすることになった。彼は良く知っているこのサーキットで、自分のマシンを3列目のグリッドに並べた。彼の左側にはフェラーリに乗るモーリス・トランティニアンが並んでいたが、反対側のオノフレ・マリモンの場所は空いていた。ファンジオが自分の後継者と見ていたアルゼンチン人は、予選の途中、アデナウへ向う下り坂でクラッシュして死亡した。彼の同郷だったフロイラン・ゴンザレスは、マリモンの死によって非常に打ちひしがれレースの途中でマシンを止め、3周でリタイアしてしまっていたマイク・ホーソンが代わりに乗った。

ニュルブルクリンクは、それまでこんなに多くの観衆が押しかけて来たことはなかった。彼らは皆、メルセデス・ベンツのカムバックを観るために集まってきたのだった。シルバーアローは、優勝する可能性が非常に高いマシンだった。道路は人々や車の往来で埋まってしまい、ポールとアンドレ・ピレットは、スタートまでにサーキットに着くのがほとんど不可能になる程だった。ラングとクリンクは、マシンがダミーグリッドで隊列を組むのに移動する前に群衆の中を突っ切ってパドックに入るためにオートバイを借りなければならなかった。

俊敏でハンドリングが良く、低回転でもパンチが効いたエンジンを持つゴルディーニにとって、このレースは有利のように見えた。しかし、ウイークポイントは、このドイツのサーキットが車に与える非情な衝撃を受け止めるには華奢過ぎるそのシャシーだった。それは、たった4周走っただけでブッチとポールのゴルディーニが、スタブアクスルを壊して動けなくなったことで証明された。しかし、幸運の女神はまだ彼らを味方していた。サーキットの中でも少ないストレートの部分でクラッシュしたのが彼らを救ってくれた。ホイールは、マスターシリンダーが付いたままブレーキドラムと一緒に外れてしまった。もしこの事故がコーナーで起こったら一巻の終わりだったろう。

ポールは、マシンがもっと安全になるまで、ゴルディーニにはもう乗らないと決心した。この決心は、ちょうど良いときに下された。フェラーリ・チームのマネージャーのネロ・ウゴリーニが、ポールに、数カ月後に開催されるニュルブルクリンク1000kmレースで3リッタースポーツカーの1台に乗らないかと申し出てくれたのだ。1954年シーズンでのポールの運の悪さは続いていた。このレースは主催者によりキャンセルされてしまったので、彼はフェラーリからの申し出を受けること

ポールは1954年のドイツ・グランプリでゴルディーニT16をドライブした。

ができなかった。

ポールは、アメデー・ゴルディーニに関して2つの考え方を持っていた。ゴルディーニが、外部からのいかなる援助も拒絶し、彼の活動をコントロールしようとするいかなるスポンサーも欲しなかったのは、プライベートな企業家としての立場を守るためだと理解していた。彼のモットーは、自分自身の運命を司る主人は自分自身だということだった。しかし、それでは、少ない資金で彼の周りには才能を持った人間がいないのにハイクオリティのチャンピオンシップをリードしていこうというのは無理だった。

彼は、マシンの独占的な創造主として周りをイエスマンの部下達だけに取り囲まれていた。ポールの意見では、これだけ偉大な経験を積んできたのに、彼に確固とした理論的な基盤を与える正しい研究が欠けていたのが大きな間違いだと考えていた。しかし一方では、彼が単純性の天才と呼ばれ、それが予算がなくともしっかりとした個人であることを可能にする哲学であり、ポールはその成果を受け取っていることを認めていた。

1955

1954年のル・マンでの完敗の後、アストンマーチンのキャンプでは、茫然自失の雰囲気が支配していたが、チームマネージャーのジョン・ワイヤーは、ポールがもし翌年乗るマシンを見つけられなかったら、1955年シーズンのスポーツカーチームに喜んで迎えると言ってくれた。

彼は、誇り高いイギリス人としてこの約束を守った。新型のラゴンダは、何の価値もないことが分かり、アストンマーチンは、ジャガーやフェラーリ、それにグランプリマシンから派生し次のシーズンに登場するメルセデス・ベンツのレーシングスポーツカーを脅かすような存在ではなかった。ポールは、ドライブするマシンを探すのに時間を浪費しなくても済み、そして完璧に用意されたマシンによってレースが行える、きちんと組織化されているシーズンを過すことにした。また、それ程イベントの数が多くなかったので、彼のジャーナリストとしての仕事を邪魔することもなかったのだ。

1955年の量産車によるグランプリで、ポールはツーリングカーのカテゴリーではアルファロメオで、スポーツカーのカテゴリーではアストンマーチンDB3Sで優勝した。

メルセデス・ベンツからもシートが約束されていた。しかし、その申し出が届いてみるとミッレミリアとル・マン24時間の2つのレースだけだった。ポールはその申し出を断った。300km/hに達するマシンに乗るのに、徹底した身体を作り上げるトレーニングなしにその申し出を受けるのは賢明ではないと判断したからだった。このことがいかに幸運だったとはポールには知るよしもなかった。

量産車によるグランプリ

ポールのカレンダーで、最初のイベントはフランコルシャン・サーキットにおける量産車グランプリだった。2600ccまでのツーリングカーのカテゴリーで、前年と同じくポールはインペリアの工場で仕立てられたアルファロメオ1900ccを運転することになった。このレースでの唯一のライバルは、同じ仕様の車をドライブする元気の良いジョージ・ハリスだった。レースではハリスが2周目にクラッシュしてしまったので、ポールにとっては楽なレースになった。このイベントでのスポーツカーレースは、とてもエキサイティングなものに見えた。ポールの対抗馬は、ENB（ベルギー・ナシオナル・チーム）が最近購入した2台のフェラーリで、ジャック・スワタースとロジェ・ローランがドライブした。

ほかにもジャン・ルーカスとエスタジェの2台のフェラーリがエントリーしていた。ル・マンではマラネロ製のマシンがアストンマーチンより速いことが証明されていたのだが、ポールは、自分の最速のラップタイムが4分45秒で、フェラーリ勢の最速タイムより4秒も速かったことを知って非常に驚いた。それはまったく予期せぬタイムだった。彼は、多くの幻想を抱こうとは思わず、レース当日には雨が降って欲しかった。ところが、レース当日は陽光きらめく天気となった。スワタースは、非常に低い1速ギヤを組んでいたので猛ダッシュしたが、それでもポールはブルノンヴィル近くの登りで彼を抜き、前年と同じような戦術を使った。できるだけ速く走って、彼の追手との間にできるだけ多くのギャップを作ってしまおうというのだった。

ポールは、ローランから10秒のリードを築いた。彼はその情報をラ・スルスに陣取っていた従兄弟のピエール・シンプから得ていたが、レディヨンでミスをしてスピンしてしまった。エンジンは止まったが、アストンマーチンのスタートボタンを押すと直ちに息を吹き返して、追手から追い越されることなく再スタートできた。

レースは22周、ほぼ2時間だった。レースの半ばでポールは、ローランを間近に従えたスワタースに対して40秒のリードを築いていた。観衆は、ベルギー人が、この日2回目の優勝をするだろうと思っていたが、ポールは確固たる自信がなかった。マシンの水温計は、85℃と110℃の間で振れていたし、彼の両足は熱い湯で濡れていた。最悪のことが起ころうとしていると彼は考えて、回転をできる限り押さえ、最善を尽くしてエンジンをいたわった。

1955年の量産車によるグランプリで、ポールは、その日2番目のレースにアストンマーチンで走った。これは、ラ・スルスのヘアピンでのシーンである。

針は動きを止めたが、水はまだ流れていた。それは、ラジエーターの中にまだ何かが残っていることを最低限示していた。油圧計の針はもう動かなくなっていた。ポールはピットに止まらず一か八かで走り続けた。再び彼は正しい選択をしたのだ、アストンマーチンは問題なくフィニッシュラインを越えた。マシンには排気管の上を跨ぐパイプを備えた新しい冷却水循環システムが装備されていたが、それが原因だった。排気管からの熱が冷却水を沸騰させてオーバーフローを起こしたのだ。レースが終わって、4リットルの水を加えたが、マシンにはそれ以上の水が残っていて、給水しなくてもチェッカーフラグを受けるまでエンジンを冷やすのに充分な量だった。

次の日、ベルギーのアストンマーチン輸入業者のマン氏から、まだフランコルシャンにいたポールに電話がかかってきた。ボードゥアン国王が、ポールに居城のシャトゥ・ラーケンに来て優勝車を披露して欲しいというのだ。もちろん、ポールはそんなリクエストを断ることなどできなかった。そして、シャトゥ・ラーケンまで運転して行った。国王は長い時間をかけてクルマを見てポールに多くの質問をした。そこで、ポールは、国王に望まれるなら試乗されますかと尋ねた。メカニックが、パッセンジャー側のカバーを外すと国王は格式張らずに飛び乗った。バッテリーがシートの下にあったので前の方が上がっており、グレースーツを着た国王はドライバーよりかなり高い位置に座ることになりボンネットから突き出してしまった。もちろん、国王の前にウインドスクリーンはなく、ポールは、ヘルメットとペアになったゴーグルを差し出したが、国王は、「いや、結構、私はこれで何も問題ないよ！」と答えた。

彼らはアントワープに向けて走り出した。国王の風貌は風で乱れていたがポールは徐々にペースを上げた。140km/hで国王の方をちらりと見たが、もっと速く走れと指示された。160km/hで、国王は完全に息を詰まらせているように見えたが、「こりゃあ凄い、もっと速く、もっと速く！」と叫び続けた。交通量はかなり多く、ポールはスローダウンしなければならないこともあったが、貨物自動車の間で何とか200km/hに達することができた。そのときポールは、200km/hでフルに顔を風を受けて楽しんでいるなんて、国王陛下はよほど退屈な生活をしているのだろうと考えた。

20km程走って、ポールは国王と交代した。今度は、風の猛威をフルに受けるのは彼の番だった。高速道路の交通量はかなり多かったが、ボードゥアン国王は、加速、減速、ギヤチェンジをずっとレーシングカーを運転してきたような腕前でやってのけた。彼らがシャトゥ・ラーケンに戻ってきてから国王は「モーターレーシングは、素晴らしい喜びだ！」と言ってのけた。

ポールは、ピエロ・タルフィのリザーブドライバーとして臨んだモナコ・グランプリのプラクティスで、初めてフェラーリ555スーパースクワロに乗った。

© The Klemantaski Collection

第7章:スタードライバーの仲間入り
モナコ・グランプリデビュー

　フェラーリのチームマネージャー、ネロ・ウゴリーニは、モデナからポールに電話してきて、ドライブしてみないかと誘った。「もし、すべてが計画通りにいったなら、ベルギー・グランプリか、多分モナコで」という話しだった。ポールは、次の土曜日にモデナにくるようにと求められたが、金曜日の夜には着いていた。

　土曜日はプラクティスに専念することになった。ニーノ・ファリーナ、ハリー・シェル、モーリス・トランティニアンとポールが次々と交代で2台の実験的なフェラーリのマシンをドライブした。1台は通常のリアに燃料タンクをマウントしたマシンだったが、もう1台はリアのドライブトレインが異なり、燃料タンクを2つに分けて両側のポンツーン内に収めたものだった。後者は、"スーパースクアロ"と名付けられた。なぜならば、長いノーズを持ち、膨れた脇腹はサメのような外観だったからだ。だが、ポールがそれをテストする前に壊れてしまった。このテストセッションが終わった後、エンツォ・フェラーリは、ベルギー・グランプリでポールにマシンを1台提供すると約束してくれた。

　ポールは、モナコで行われるヨーロピアン・グランプリでのフェラーリ・デビューを予定されていなかった。そこで、彼は、ハリー・シェルと同じように新型のスーパースクアロを与えられたタルフィのマシンの補欠ドライバーに降格させられてしまった。ニーノ・ファリーナとモーリス・トランティニアンは、燃料タンクがリアに付いた旧型のマシンをドライブすることになった。当時は、レース中にドライバーがチームメイトからマシンを取り上げることができた。そして、6位以内で完走すれば、彼が引き継いだドライバーとポイントを分け合えた。

　1955年シーズンにおいては、ファンジオ、モス、ヘルマンとクリンクがドライブしたメルセデス・ベンツがレースを支配した。それにランチアやマセラッティもフェラーリより速かった。モナコでは、予選でクラッシュしたハンス・ヘルマンの代わりにフランス人のアンドレ・シモンが呼ばれた。しかし、レース本番でシモンは早々とリタイアしてしまった。

　フェラーリ・チームの士気は落ち込んでいた。予選では、トランティニアンがフェラーリ・チームのドライバーの中で最速だったが、順位は9位で、ファンジオ、モス、アスカリの上位3台と比べると3秒も遅かった。デフのギヤ比が合っていなくてドライバーは、エンジンの回転を理想の範囲で使うことができなかった。そこで、チームは、元々ファリーナのマシンに用いられていた比較的高いギヤレシオを使うことにした。これでもドライバーは、3つのギヤだけしか使えず、4速ギヤは絶対に使えないギヤレシオだった。

　モナコでは、すべてのチームが、この問題に対処しなければならなかった。メルセデス・ベンツが首位を取ったのは、リヤアクスルに位置するファイナルギヤのギヤ比を変更することだけでなく、ギヤボックスのギヤ比の組み合わせを変更することが可能だったので全体的なギヤ比の選択が良かったことに感謝すべきだろう。それに加えてエンジニアは、このレースのためにW196のエンジンセッティングを変更して、数馬力を犠牲にしても中速域でのエンジンのより良い柔軟性を得られるようにしていたのだった。

F1 1955 R2 Monaco Grand Prix

Formula 1 - 1955 Monaco Grand Prix

Conversation avec la femme d'un homme qui risque sa vie à tout moment...

Mon mari est COUREUR-AUTOMOBILE

Le soir, après la course: l'épouse inquiète téléphone au journal sportif: "Comment va Paul?"

Félicitations, madame, c'est une fille!
Madame Frère rit de joie.
— Dites-moi, docteur, est-ce que mon mari le sait? Quelle surprise!
— Ouais, celui-là, ce n'est pas tout de suite que nous allons pouvoir le prévenir. Vous savez pourtant bien où il est?
— Peut-être à la rédaction du journal?
— Pas du tout! Il est à Francorchamps!
— A la course, comme reporter?
— Non. En qualité de participant. Et Dieu sait à quelle vitesse il vole en ce moment même sur la piste!

Madame s'était mise à réfléchir. Ainsi donc il était allé courir! Et elle ne savait pas si elle devait se sentir fière ou se fâcher.
Ce n'est certes pas un problème facile à résoudre. Doit-on encourager un homme qui raffole de voitures

La première course de Paul sur voiture de course (à Chimay) fut aussi sa première victoire. Ce n'est qu'après qu'il s'aperçut qu'il avait complètement oublié de s'assurer...

Prêt pour un nouveau départ...
— Mais l'année prochaine il abandonne les courses, dit madame Frère.
— Cela dépend des contracts qu'on m'offrira, corrige monsieur...

The Racers 1955

1954年、ヘンリー・ハサウェイ監督の映画『ザ・レーサーズ』で、ポールは、ブラーノ・チームの南アメリカ人ドライバーを演じるように依頼された。それで、メーキャップをしているのだ。

1955年、女性誌『Libelle』でレーシングドライバーの妻としてインタビューを受けるポールの妻、ニネット。

Res.	N°	Driver	Team	Laps	Time/rtd	Grid	Points
1	44	Maurice Trintignant	Ferrari	100	2 h 58 min 09 s 8	9	8
2	30	Eugenio Castellotti	Lancia	100	+ 20 s 2	4	6
3	34	Jean Behra	Maserati	99	+ 1 lap	5	2
		Cesare Perdisa					2
4	42	Giuseppe Farina	Ferrari	99	+ 1 lap	14	3
5	28	Luigi Villoresi	Lancia	99	+ 1 lap	7	2
6	32	Louis Chiron	Lancia	95	+ 5 laps	19	1
7	10	Jacques Pollet	Gordini	91	+ 9 laps	20	
8	48	Piero Taruffi				15	
		Paul Frère	Ferrari	86	+ 14 laps		
9	6	Stirling Moss	Mercedes	81	+ 19 laps	3	
Abd.	40	Cesare Perdisa	Maserati	86	Accident	11	
		Jean Behra					
Abd.	26	Alberto Ascari	Lancia	80	Accident	2	
Abd.	46	Harry Schell	Ferrari	68	Engine	18	
Abd.	36	Roberto Mieres	Maserati	64	Transmission	6	
Abd.	12	Élie Bayol	Gordini	63	Transmission	16	
Abd.	2	Juan Manuel Fangio	Mercedes	49	Transmission	1	
Abd.	8	Robert Manzon	Gordini	38	Gearbox	13	
Abd.	4	André Simon	Mercedes	24	Engine	10	
Abd.	18	Mike Hawthorn	Vanwall	22	Accelerator	12	
Abd.	14	Louis Rosier	Maserati	8	Fuel leak	17	
Abd.	38	Luigi Musso	Maserati	7	Transmission	8	
Ns.	22	Lance Macklin	Maserati		Non-qualified		
Ns.	24	Ted Whiteaway	HWM-Alta		Non-qualified		
Ns.	4	Hans Herrmann	Mercedes		Injured in practice accident		

1955年のモナコ・グランプリを総括すると、22台のマシンがエントリーした中で、フランス人とイタリア人がドライバーでは一番多い7名ずつだった。その後には、イギリス人4名、アルゼンチン人2名、ベルギー人1名、ドイツ人1名、アメリカ人1名とモナコ人(ルイ・シロン)1名だった。マシンの数から言うと、マセラッティ6台、フェラーリ4台、ランチア3台、メルセデス・ベンツ3台、ゴルディーニ1台、ヴァンウォール1台、HWM-アルタ1台だった。

https://en.wikipedia.org/wiki/1955_Monaco_Grand_Prixを参照

当時、エンジンの出力が250馬力から280馬力で、車重600kg前後だと、モナコでの平均ラップスピードは105km/hであった。

土曜日の最終予選が終わった夜、映画『The Racer』がカジノで上映された。招待状には「イブニングドレスのみ」と書かれていたが、グランプリレースのドライバーには、その部分が「レース用のつなぎ服」と書かれてあった。ポールは急いでホテルに戻りつなぎ服を着込んだ。

ポールは全員が完璧なイブニングドレスで着飾った群れの中をカジノへと急いだ。彼は劇場の中に入るとすぐに違和感を感じ取った。彼だけが指示を尊重した人間だった。幸いピエロ・タルフィもつなぎ服を着て入ってきたが、多分こういったジョークに慣れていたのだろう、"シルバーフォックス"とあだ名されていたピエロは、つなぎ服を脱ぐと、その下の完璧なディナージャケットを披露した。そして、会場内を本当の上流階級の人間のように闊歩したのである。

レースのスタートは予想されたように、本当のぶつかり合いだった。オープニングラップでの事故の結果、アスカリやロジェのマシンなど数台がリタイアした。メルセデス・ベンツはフロントをぶつけ、タルフィのフェラーリはギヤボックスの調整のためにピットインしなければならず8周を失った。メルセデス・ベンツのマシンにも同じようなトラブルが起きた。シモンは25周目にリタイアし、ファンジオもレース中盤で動きを止め、モスが、ドイツのナショナルカラーを背負ってリードを保った。そんなときにタルフィが再びピットインしたので、ウゴリーニは彼をポールと交代させた。ポールはマシンに飛び乗ってレースに戻り、最下位で完走するのは避けられた。

1955年のモナコ・グランプリで、スターリング・モスがガスタンクヘアピンでファンジオのインを刺している。彼らは、アルベルト・アスカリのランチア(No.26)、ジャン・ベーラのマセラッティ(No.34)をリードしており、ルイジ・ムッソのマセラッティ(No.38)ははるか後ろに見えている。

© Bernard Cahier

　ポールは、すぐにトランティニアンがモスとアスカリに次ぐ3位を走っていると知らされた。モスのエンジンから吹き出したオイルに乗って、アスカリのマシンはスピンし港に飛び込んだのは有名な話だ。不幸にもアスカリは4日後、モンツァで医師の忠告も聞かずにフェラーリのスポーツカーをテストしていて事故死した。"Pétoulet"(ネズミの糞)とあだ名されたモーリス・トランティニアンのフェラーリは、まったく期待もしていなかった首位に立ち、そのままゴールした。これで、フェラーリはこのシーズンで唯一のF1グランプリでの優勝を獲得した。メルセデス・ベンツのマシンは、3台すべてがディストリビューターの不調で苦しんだが、続くレースでは改善された。ポールは、ポーレのゴルディーニの後、8位でチェッカーフラッグを受けた。

　ポールがホテルに帰る途中、鮮やかな赤のフォード・サンダーバードに乗ったウンベルト・マリオーリがポールに寄って来て停まった。マリオーリの横に座っていたラコステのシャツを着た白髪の男が、ポールに手を差し出してこう言った。「フレールさん、あなたに会えて嬉しい。前から写真ではお見かけしていたんだが」ポールは、マリオーリが紹介していないこの人物に少し当惑して、ぶつぶつと言葉を返した。「あなたは、私の息子をフランコルシャンからあなたの車に乗せてくれて、非常にハッピーにしてくれたそうで!」。ポールはますます当惑して、最近の量産車によるグランプリの後に誰を車に乗せたのだろうと自問していると、「もちろん、あなたは私の息子のボードゥアンを覚えているでしょう?」。ポールは、人の顔をよく覚えている方ではなかったが、彼は非常にバツの悪い思いをした。質問してきた男は、ベルギーの前国王レオポルド3世だったのである。

1955年のモナコ・グランプリ、ポールはピエロ・タルフィからフェラーリ555スーパースクアロを引き継いだ。

フェラーリ625F1に乗ったモーリス・トランティニアンが、予想外の優勝者となった。

1955 Belgian Grand Prix

1955年ベルギー・グランプリ

　すべてのフェラーリドライバーに新型のスーパースクアロが用意された。予備のマシンは、モーリス・トランティニアンがモナコで優勝したマシンと同じリアに燃料タンクが搭載されたモデルだけだった。ポールは両方を乗り比べて比較してみた。旧型のマシンの最終減速比は、フランコルシャン・サーキットの緩やかなカーブや長いストレートに合っていた。新型マシンの最終減速比は高過ぎた。ベルギーでは、アメリカ人のハリー・シェルが補欠のドライバーだった。彼とトランティニアンは、スーパースクアロのロードホールディングは、旧型のティーポ625より優れているというポールの意見に賛成だった。

　メルセデス・ベンツが、またしても初日のプラクティスでライバルを圧倒していた。マセラッティはまだサーキットに到着していなかったし、ランチアはチームリーダーのアルベルト・アスカリが死亡事故を起こしたので出場を辞退した。しかし、このトリノの会社は、プライベート参加した若いユージェニオ・カステロッティにD50を貸し与えた。彼は2台のマシンを自由に使えたので、サーキットを徹底的に習熟するためにできるだけ多くの周回を重ねることができた。2回目のプラクティスで、彼はファンジオのポールタイムを0.5秒打ち破る4分18.1秒のスーパーラップを出した。ピットに戻った彼は正常に戻るまで10分を要した程だった。ニーノ・ファリーナは、素晴らしい4分20.9秒のタイムを出し、初めてベルギーのサーキットを走ったルイジ・ムッソのマセラッティは、4分26.4秒だった。

 1955 Belgian Grand Prix

ポールは、プラクティスで新型のフェラーリ555スーパースクアロのハンドルを握ることになった。右側には、競技長のレネ・バーケンから説明を受けている前国王レオポルド3世が写っている。(写真左端)

1955年ベルギー・グランプリ。スタート前のグリッド。

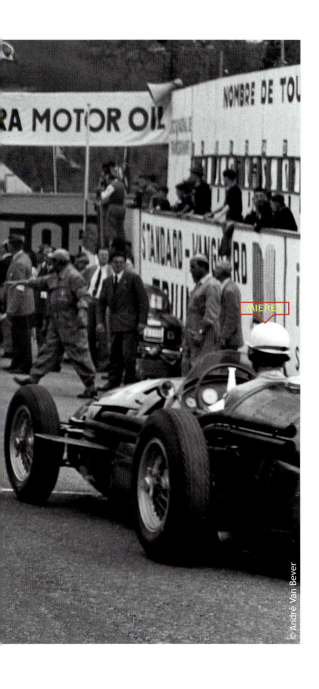

ポールは、それまでのフランコルシャンで多くのレースに出場してコースの隅々まで知り尽くしていたので、レース当日は自信に満ちていた。彼は、静かに自分のマシンに乗り込んで、中央に第一次世界大戦で戦死した有名なイタリア人パイロットのフランチェスコ・バラッカの紋章だった黄色地に黒い跳ね馬が描かれたバッジを配した美しいアルミニウム製ステアリングの木製リムを持ち、コクピットに座った。

彼の唯一の心配はスタートでの失敗だった。というのもクラッチはフェラーリにとってアキレス腱だったし、1速ギヤは高過ぎた。完璧主義者だったポールは、朝の練習走行のとき、スペアマシンで完璧な飛び出しを決めた。スタートは下り坂だったので、メカニックは小さな木製のクサビを前輪の前に置いていた。ポールは、完璧なスタートを決めた後、クサビがタイヤに張り付いているのに気づいて大きく息を飲んだ。彼は、そのクサビが後方に飛び出してライバルの1人に当たるのを恐れたので、少し加速を緩めるとクサビは外れたが順位を2つ落とした。

彼は、トランティニアンをマスタの直線でスリップストリームを利用して抜き、スタヴロに続く登りで燃料噴射装置付きのヴァンウォールに乗ったマイク・ホーソンを抜いた。フェラーリの優れた加速に感謝すべきだろう。彼は、メルセデス・ベンツに乗ったクリンクとマセラッティのベーラの戦いに巻き込まれ、彼らのホイールが巻き上げる小さな石の破片を浴びた。ポールはそんなドライバーを後方から見てテクニックを判断した。彼らはここでもモナコと同じように低速コーナーではポールよりも速かったが、ポールは高速カーブで彼らを捕らえることができた。

ベーラはシーマン・コーナーでコースアウトした。ブランシモンの次の最終コーナーとラ・スルスの前に同じ名前のクラブハウスがあったが、今はもう存在していない。180km/hは出していたクリンクとポールの前で、くるりとスピンして信号ポストをかすめ、1939年のベルギー・グランプリで事故死したディック・シーマンの記念碑の石を避けて後ろ向きになって土手に乗り上げた。マセラッティはリアを宙に持ち上げたが、幸運なことに、ホイールが接地してコースを横切り溝にはまって止まった。事故のときマシンの中にいたベーラは、信じられないことに幸運にもかすり傷さえ負わなかった。当時、シートベルトなどなかったので、ドライバーは度々放り出された。もっと驚いたことは、気を取り直したベーラは、足首を捻挫してハンディキャップを負っていたチームメイトのロベルト・ミエレスのマセラッティを召し上げて戦いに戻ったことだ!

ポール・フレールとカール・クリンクは、かろうじてマセラッティを避けることができたが、すぐに戦いに戻ったクリンクを事故が起こったときの有利な位置を利用して抜いた。しかし、クリンクは、サーキットを良く知っており、W196の優れたパワーを使ってマスタの直線でフェラーリを追い抜き、差を広げた。ムッソもより強いマセラッティのパワーを使って同じようにフェラーリを抜いたがバルブを曲げて止まった。クリンクはラ・スルスでエンジンからオイルを多量に吹き出してリタイアした。

1955年ベルギー・グランプリで、ラ・スルスのヘアピンをポールは、いつもの安定したスタイルで回っている。

彼は、昔のライバルに1967年のニュルブルクリンク1000kmレースで再会した。

レースのこの時点で、カステロッティは、メルセデスベンツのモスとファンジオに続く3位で、スクーデリアのチームリーダーであるファリーナの前を走っていると、フェラーリのチーフメカニックだったメアッツァは、ポールにサインボードで知らせた。数周後、ポールは、気落ちしたカステロッティがマスタの直線を歩いて戻っているのを見た。これで、彼はファリーナに次ぐ4位になったし、元々ミエレスのマセラッティに乗ったベーラは、1周遅れだった。ポールはレースの終わりまでマシンをいたわって走らせ、素晴らしい4位で完走した。彼は、当時メジャーなレースでベストな活躍を見せたので、観衆から信じられない程の大喝采を受けた。

フェラーリのチーフエンジニア、ランプレディは、彼が作ったマシンが3位と4位で戻ってきたので、いくつもの理由はあったがハッピーだった。一方、ニーノ・ファリーナは、喜べなかった。彼は、スーパースクアロのパワー不足をなんとかしようと25年のレース経験のすべてを使い危険を冒してメルセデスベンツを追撃したが、無駄に終わったのだ。彼は、最前列で戦える程にマシンが速くなるまでレースはしないと決めた。彼は、この言葉を守って、1955年は2度とレースをしなかった。

ポールは4位に終わったが、初のベルギー人のドライバーとして表彰台の上に招かれた。優勝したファン・マヌエル・ファンジオと競技長のレネ・バーケンにより祝福された。

Res.	N°	Driver	Team	Laps	Time/Rtd	Grid
1	10	J-Manuel Fangio	Mercedes	36	2 h 39 min 29 s 0	2
2	14	Stirling Moss	Mercedes	36	+ 8 s 1	3
3	2	Giuseppe Farina	Ferrari	36	+ 1 min 40 s 5	4
4	6	Paul Frère	Ferrari	36	+ 3 min 25 s 5	8
5	24	Roberto Mieres Jean Behra	Maserati	35	+ 1 lap	13
6	4	M. Trintignant	Ferrari	35	+ 1 lap	10
7	22	Luigi Musso	Maserati	34	+ 2 laps	7
8	26	Cesare Perdisa	Maserati	33	+ 3 laps	11
9	28	Louis Rosier	Maserati	33	+ 3 laps	12
Abd.	12	Karl Kling	Mercedes	21	Oil leak	6
Abd.	30	Eug. Castellotti	Lancia	16	Gearbox	1
Abd.	40	Mike Hawthorn	Vanwall	8	Gearbox	9
Abd.	20	Jean Behra	Maserati	3	Accident	5
Ns.	38	Johnny Claes	Maserati		Engine	
Ns.	48	Piero Taruffi	Ferrari		Non-starter	
Ns.	4	Harry Schell	Ferrari		Non-starter	

Le Mans '55

当時、マシンは、排気量が大きい方から小さくなる順番に斜めに並べられた。1番は、4.5リッターのラゴンダで、次には、4.1リッターのフェラーリ121、3.4リッターのジャガーDタイプ等の順に並べられている。

第8章:悲劇、1955年ル・マン24時間レース

Tragedy at Le Mans - June 11th 1955

Catastrophe aux 24 heures du Mans en 1955

Le Mans Motor Racing Disaster (1955) ¦ British Pathé

Le Mans 1955, l'horreur !

Verschollene Filmschätze S01E10 1955: Die Tragödie von Le Mans

　1955年のル・マン24時間レースがスタートする前には、3台のアストンマーチンと1台のラゴンダのチームに勝ち目があるという予想はなかった。優勝するのは、メルセデス・ベンツかジャガー、またはフェラーリだろうと考えられていた。

　レースは、3リッター直列8気筒エンジンを積んだ3台のメルセデス・ベンツ300SLRとジャガーとの間で、ルールなしの死闘が繰り広げられるだろうと予想されていた。フォーミュラ1の世界で攻勢をかけているドイツの自動車会社は、最も人気が高いファン・マヌエル・ファンジオとスターリング・モスを組ませてNo.19のマシンに乗せた。No.20のマシンには、ひょろりとしたアメリカ人のジョン・フィッチと50歳のフランス人ピエール・ルヴェーが乗った。1952年のレースで、ルヴェーは旧式のタルボに乗って、とてつもないことをなし遂げようとした。超人的な集中力で、たった1人で先頭を走り、あと70分でゴールというところで、クランクシャフトのベアリングが壊れてレースは終わってしまった。この蛮勇ともいうべき偉業を認めたアルフレート・ノイバウアーはこのフランス人にチームに加わらないかと要請した。充分に皮肉な話だが、ポールはこのドイツ人のチーム監督の、ドライバーにならないかという要請を1954年の終わりに断っていた。彼はアストンマーチンと約束してしまっていたのだ。彼が断ったので、ノイバウアーはルヴェーを選んだ。3台目の300SLRには、モナコで負傷したハンス・ヘルマンの代役を務めたもう1人のフランス人のアンドレ・シモンとカール・クリンクが乗った。

　いつものように静かで意気の上がらないデヴィッド・ブラウンに率いられたアストンマーチン・チームは、ル・マンでの基地にしているラ・シャルトル・スール・ロワールに落ち着いた。イギリスチームの3年目となる挑戦に勝利のチャンスはなさそうだった。小さな町の誇りは、ミシュランの1つ星レストランを備えるホテル・ド・フランスがあったことだった。

© André Van Bever

Le Mans '55

No.28のトライアンフTR2が写真からはみ出ようとしているが、オースチン・ヒーレーがメルセデス・ベンツの前を走っている。皮肉なことに、ピエール・ルヴェーが運転するNo.20は、2時間半後にこのオースチン・ヒーレーと衝突することになる。このフランス人は、ル・マンの歴史で最も悲劇的な出来事を引き起こしてしまった。

　アストンマーチンの野望は比較的限られていた。優勝の可能性は、非常に少なかったが、上から5位以内で完走すれば、それまでサルトサーキットで行った3回のレースで味わった挫折から立ち直れると考えられていた。マシンは、1954年と比べてあまり変わってはいなかったが、静かな自信というべき雰囲気がイギリス人の陣営にあった。アストンマーチンは、比較的旧式になってきていたが、細部に洗練さを与えられていた。1954年に初めて試みられたダブルイグニッション式のシリンダーヘッドは、前年に比べて多くのパワーアップが成されているわけではなかったが、最後の数時間になっても225馬力から230馬力は出ていることが証明されていた。

　デヴィッド・ブラウンは、コリンズ／フレール組(No.23)、サルヴァドリ／ウォーカー組(No.24)、ブルックス／ライズリー／プリチャード組の3台のアストンマーチンDB3Sに加えて、パーネル／プーレ組が乗る、チューブラーシャシーを持った4.5リッターのラゴンダ計4台のマシンをエントリーしていた。マシンに加えられた大きな進歩は、新型のガーリング製ディスクブレーキで、ドライバーの仕事をかなり楽にしてくれた。ウェットや曇りのコンディションでプラクティスが始まると、このイギリス製のマシンは感銘を与えた。彼らのタイムはドライなコースで行われた前年と同じようなタイムだった。ディスクブレーキは非常に大きな進歩だった。ドライバーはヘラクレスのようにブレーキペダルを踏み付ける必要はなくなったのだ。

　木曜日のプラクティスで、No.23は5番目に速いタイムを出した。次の日、ポールとコリンズは7周しか走らずに機械部品にストレスを与えないようにした。というのも、斜めに整列したスタート順位はプラクティスで出したタイムに関係なく、排気量に従って並べられるようになっていたからだ。

アルフレート・ノイバウアが、ジョン・フィッチとピエール・ルヴェー(ヘルメットを被っていない)と会話している。

ファンジオは、サルヴァドリがアストンマーチンでそうしたように、ゆっくりとスタートした。

ルヴェーのマシンがまだ炎上している間、イギリス人の2人組マイク・ホーソン／アイヴァー・ビューブ組の6番ジャガーはピットに停まっていた。左側の民間人の服を着ているのは配管工で、オイルフィルターをシールする係だった。彼の唇の間に見えているのはワイヤーで、それを孔に通して、プライヤーを使ってシールし、もし必要ならばスペアのワイヤーを使うのだ。

Le Mans '55

4分40秒という基準のタイムは、上出来な成績で完走するのに充分だと判断された。ラゴンダだけは上位の戦いについていけなかった。新品のガーリング・ディスクブレーキは、24時間もつと思われたのでエンジンをいたわることはできた。サルヴァドリとコリンズは、決められた平均速度より速く周回していたので、チーム監督のジョン・ワイヤーは、彼らに4分35〜37秒前後に速度を上げるよう指示しなければならなかった。アストンマーチンの燃料消費率は、100km当たり25L以下だった。この消費率ならば、給油と給油の間に規定された32周以上を走ることが可能だった。そこで、燃費の計算上は40周走れたが、35周でコリンズがポールに引き継ぐことが決定された。

　そうやって、18時30分にポールがピーター・コリンズからNo.23のマシンを引き継ぐ準備をしていた。ヘルメットを被ってアストンマーチンを立って待っていると、1台のメルセデス・ベンツのマシンが宙に舞うのを彼は目撃した。マシンはピットの反対側の防御壁にぶつかって炎を上げて爆発した。すべてのことが余りにも速く起きたので、ピットでは、どうやって事故が起きたのかを理解したのは誰もいなかった。フランス人ピエール・ルヴェーの運転するメルセデス・ベンツのマシンは衝撃で2つにちぎれ、エンジンが位置する前方は観客を襲ってなぎ倒し数十人が死亡した。アストンマーチンのピットの反対側で燃え上がったマシンは耐えられない程の熱を発した。車体を構成するパーツの多くに使われていたマグネシウムは、非常に軽い金属だが燃えるとものすごい熱を発し、水で消火するのは不可能だった。コース上に横たわった遺体は、ルヴェーではなく不運な女性観客だった。

1955年のル・マン24時間レース、日曜日の朝、フレール／コリンズ組のアストンマーチンが、ピットストップを行っている。

1955年のル・マン24時間レース、メルセデスのマシンには、アーチを描くエアブレーキが装備されていた。

Le Mans '55

優勝することになるNo.6のジャガーDタイプに乗ったマイク・ホーソンは、起きてしまったばかりの悲劇には気づいていなかった。エセスの森が始まる所で、ファンジオのメルセデスが彼のテールに食らい付いていた。ファンジオは、制動力を増加させるとともに通常のドラムブレーキを温存するためエアブレーキを作動させたところである。メルセデス・ベンツは、ジャガーのディスクブレーキに対抗するこの武器を発明したのだ。

© D.R.

ル・マン18時30分、モーターレーシングの歴史上最悪の事故が起きた。

　群衆はあらゆる方向に逃げ惑った。消防士は、直ちに現場に急行して活動に当たった。給油ストップは危険を避けるために数周の間延期された。フレールはコリンズからマシンを引き継いだが、最初の1周は悪夢を見ているようだった。何台かのマシンはコース脇に放置され、何台かは壊れていた。ルヴェーの300SLRから立ち上った煙は非常に濃くメゾン・ブランシェからも見えた。剥き出しになった4つの車輪すべてから炎を出して燃えていたのは、ジェイコブのMGだった。彼は負傷したが生きていた。ポールは、ランス・マックリンの事故に巻き込まれて酷く損傷したオースチン・ヒーレー(No.26)を見た。ほかに2台のマシンが動けなくなっていた。レズリー・ブルックスのトライアンフと天翔る薬剤師と呼ばれた陽気なダモンテ博士のドライブする双胴のボディを持ったナルディだった。

斬新な外観を持ったナルディが哀れな姿になったとき、ブルックスは砂を掘って何とか脱出することができた。

　交代したポールは、直線でも5700rpmの許容範囲に抑えて走り、その結果、4分30秒から4分35秒のラップタイムが記録され、それはマシンの性能の限界内であった。夜間を走るために交代したコリンズは8位に順位を落としたが、ジョニー・クラースとジャック・スワタースが乗る黄色のジャガーDタイプの後に付けていた。ウォーカー／サルヴァドリ組のDB3Sには油圧のトラブルが起きていた。ウォーカーがマシンの限界を確かめるために4分23秒というペースで数周走ったからだった。

ピエール・ルヴェーのメルセデスベンツはまだ燃え続けており、コースの上には遺体が横たわっている。最初はルヴェーと思われていたこの遺体は、不運な女性の観客だった。フロントのドライブトレインやエンジン、グリルが群衆に向かって弾け飛び、多くの死傷者を出した原因となった、最終的に80名以上が死亡し130名以上が負傷した。
© D.R.

カーンに住む19歳のジャック・グレレによる事故の目撃談

「当時、私はノルマンディ地方のヴァレ・ドージュ郡にあるヴィレー・ボカージュという村に住んでいました。カーンとサルト・サーキットを結ぶクーリエ・ノルマンというバスに乗ってル・マンに行きました。レースがスタートした16時、私はダンロップ・ブリッジの下にいました。それから私は、午後遅くに第1回目の給油ストップを見るためにピットの反対側に行こうと、テルトル・ルージュ・コーナーを下って行きました。

当時、マシンに給油してタイヤを交換するのに3分程かかっていましたから、ピットストップは、レース好きの観客にとってドライバーを見るいい機会だったんです。人々は、メルセデス・ベンツやジャガーのピットの反対側の観客席に群れていて、梯子や椅子や折りたたみ式の椅子に座ってスタードライバーのファンジオがシルバーアローのメルセデスに乗って走るのを見ていました。群衆の中にリジュウの肉屋の息子である友人と会いました。私の祖父が家畜市場に通っていたのでその肉屋とはよく会ってました。私達は、取り留めもないおしゃべりをしていると、誰かが「彼らが来るぞー！」と叫んだので、私はつま先立ちをし、友人は双眼鏡を覗き込みました。

それは、18時25分のことでした。距離を置いて、ホーソンのジャガーがファンジオのメルセデスベンツに追われながらフルスピードで近づいて来ました。それは素晴らしいスペクタクルでした。ホーソンは大胆な動きで、最下位を走っていた1台のオースチン・ヒーレーを追い抜きざまに給油のために前を横切ってピットに止めたのです。オースチン・ヒーレーのドライバーは思いがけない行動に驚いて左にハンドルを切ったところに250km/h前後で走って来たルヴェーのメルセデスベンツが衝突しました。ルヴェーのマシンはヒーレーの後部に乗り上げて舞い上がりました。それがすべての悪夢の始まりでした。シルバーのメルセデス・ベンツは、コースと観客席を隔てる土手に衝突して文字通りの爆発が起き、ドライバーはその衝撃で放り出され、マシンの前部のエンジンやボンネットやドライブトレインは、何列にも重なった観客に向かって襲いかかりました。

頭の中がガンガンと鳴り、地面に倒れている自分に気がつきました。押し倒されたのか、転んだのかは、知るよしもありません。数秒後に起き上がると左眼が見えませんでした。誰かの脳の断片が眼鏡に張り付いていたのです。私の両手とシャツは血まみれでしたが、傷は負っていませんでした。周囲はすべてカオスでした。何十人もの身体が地面に横たわっていました。私の傍にいて数秒前まで肩を触れ合っていた不幸な友人は首が切れていました。双眼鏡は首の周りに残っていましたが頭がありませんでした。私は完全にトラウマを受け、看護婦や聖職者や消防士が負傷者の救助をしていた間、目的もなくサーキットをさまよい始めました。

2時間もの間私は話せませんでした。音すら私の口から出てきませんでした。この悲劇にもかかわらずレースは続行されました。レースの主催者はパニックの波が広がるのを恐れ、24時間レースは最後まで続けられました。チェッカーフラグが振られる前に、私はバスに戻って自分のコートを取ってきました。私は血染めのシャツを隠すためにボタンを留めて襟を立てていました。両親に電話をしようとしましたが、すべての電話回線は話し中でした。日曜日の夜遅くに家に戻るまで、私の祖父は私が死んでしまったものと諦めていたそうです。百人近い人々があの恐ろしい事故で死亡しました。もし、幸運の女神が私に微笑まなかったら、私も犠牲者のひとりになっていたかもしれません」。

Le Mans '55

ポールは、ピット裏のキャラバンの中で何か食べて仮眠を取るために現場を離れた。3番目のブルックス／ライズリー／プリチャード組のアストンマーチンは、ダイナモのベルトが切れてバッテリーが空となりリタイヤした。ポールは眠ろうとしたが、83人が死亡し120人余りが負傷したことが明らかとなった惨劇が頭から離れず、難しかった。彼は、自分の乗るマシンが、エキュリー・フランコルシャンのジャガーDタイプを抜いて順位を上げたとラウドスピーカーからの放送で知った。サルヴァドリが運転していたNo.24のアストンマーチンがエンジンをブローさせて止まった。ラゴンダは燃料がなくなって止まった。燃料キャップがきちんと閉まっていなくて、燃料がコースにこぼれ出していたのだ。もう1台の4バレルキャブレターを持ったエンジンは非常に燃費が悪く、タンク内の燃料がなくなってしまった。4台中の3台を失ったデヴィッド・ブラウンのチームが持つ楽観的な雰囲気がだんだんと萎えてきた。彼らの希望のすべては、4分40秒で時計のように周回を続けるベルギー人とイギリス人の男の肩にかかっていた。

「すべてがパーフェクトだ!」。日曜日の深夜1時30分までの夜のスティントを終えたコリンズは「最高回転数で、少し振動が出る!」とポールに言った。「振動が出ないような回転域を使って走れ!」とチーム監督のジョン・ワイヤーが付け加えた。ポールは、何も振動は感じなかったが、ミュルサンヌやアルナージュのコーナーで貴重な数秒を失っても堅実に抑えて走った。彼がモナコやスパでタイムを落としたようなやり方だった。彼はこれらのコーナーでブレーキを使うのを遅くした。マシンがコーナリングを引き金にして少し横滑りをするのでそうしたのだが、ミュルサンヌでそれをやり過ぎて間違った方向を向いてしまったようで、その1周が4分53秒もかかってしまったのに誰もコメントを残していない。

No.23のマシンを襲った唯一の問題は、4時30分ころ回転計がきちんと作動しなくなったことである。ドライバーは耳でエンジン音を聞きながらギヤをチェンジしなければならなかった。ポールは次のスティントを待つ間に、メルセデス・ベンツで残っていた2台が、1位と3位を走っていたのだが、弔意を表すために棄権すると知らされた。これで、アストンマーチンは、トップを走るホーソン／ビューブ組のジャガーとムッソ／ヴァレンザーノ組のマセラッティに次ぐ3位に上がった。コリンズは、イタリア製のマシンを捕らえたが、マシンにストレスをかけ過ぎないようにするためにマセラッティを先に行かせた。給油でストップする間に赤いマセラッティは、DB3Sに乗ったポールの後になった、ポールはマセラッティを先に行かせようとしなかったが、ポールは300Sが、ブレーキのトラブルが原因のようでミュルサンヌで曲がらずに直進してしまったのを見て驚いてしまった。

1955年のル・マン24時間レース、アストンマーチンDB3Sに乗ったポール・フレールとピーター・コリンズは、2位で完走した。

彼は飛ばしてイタリア製のマシンを徐々に引き離した。それは、イギリス人のチームメイトにマシンを引き渡す1周前のことだった。

それ以上のドラマは起こらず、マセラッティのクラッチが音を上げたときには、アストンマーチンのピットでは2位の位置が安泰となったと感じた。リードするジャガーより2周遅れだったので追いつくのは無理だったが、ベルギーチームのDタイプよりは3周先行していた。喪に服した観衆の前で半旗にしたチェッカーフラグを受けたのは、感動的でもあり憂鬱でもあった。アストンマーチンのボス、デヴィッド・ブラウンは大喜びで、ポールのヘルメットを借りてマシンをサーキットから45km離れた前線司令部まで運転して帰った。昨年の敗退から月日が経ち、2位は優勝と同じように彼にとっての報酬だった。生き残ったアストンマーチンは4079kmを走破し、平均速度は169.717km/hだった。

1955年ル・マン24時間レースのスタート前、コース上でのスナップショット。

レースは続けなければならなかった。前日の悲劇に続く時ではあったが、ポール・フレールとピーター・コリンズ(ダッフルコートを着ている)が2位を得たことで、アストンマーチンのチームは喜びを隠すことができなかった。会社のボス、デヴィット・ブラウン(眼鏡の人物)と彼の妻は特に喜んでいる。硬い表情にも微笑を浮かべたチームマネージャーのジョン・ワイヤー(右側)も見える。ピエット・シンプの妻ディディスが、ポールの顔を撫でている。

Le Mans '55

1955年のル・マン24時間レース、優勝したマイク・ホーソンとアイヴァー・ビューブ。

Res.	Cat.	N°	Team
1	Sport 5.0	6	Jaguar Cars Ltd.
2	Sport 3.0	23	Aston Martin Ltd.
3	Sport 5.0	10	Écurie Francorchamps
4	Sport 1.5	37	Porsche KG
5	Sport 1.5	66	ENB - Gonzague Olivier
6	Sport 1.5	62	Porsche KG
7	Sport 2.0	34	Bristol Aeroplane Company
8	Sport 2.0	33	Bristol Aeroplane Company
9	Sport 2.0	32	Bristol Aeroplane Company
10	Sport 2.0	35	Automobiles Frazer Nash Ltd.
11	Sport 1.5	40	Edgar Fronteras
12	Sport 1.5	41	MG Cars Ltd.
13	Sport 1.1	49	Porsche KG
14	Sport 2.0	28	Standard Triumph Ltd.
15	Sport 2.0	29	Standard Triumph Ltd.
16	Sport 750	63	Écurie Jeudy-Bonnet
17	Sport 1.5	64	MG Cars Ltd.
18	Sport 1.5	65	Gonzague Olivier
19	Sport 2.0	68	Standard Triumph Ltd.
20	Sport 750	59	Écurie Jeudy-Bonnet
21	Sport 1.1	47	Cooper Car Company
22	Sport 3.0	16	Officine Alfieri Maserati
23	Sport 3.0	22	Briggs Cunningham
24	Sport 5.0	7	Jaguar Cars Ltd.
25	Sport 750	52	Société Monopole
26	Sport 2.0	30	Automobiles Gordini
27	Sport 750	60	Automobili Stanguellini
28	Sport 3.0	19	Daimler-Benz A.G.
29	Sport 3.0	21	Daimler-Benz A.G.
30	Sport 1.1	51	Automobiles Panhard et Levassor
31	Sport 5.0	5	Scuderia Ferrari
32	Sport 5.0	8	Jaguar Cars Ltd.
33	Sport 3.0	24	Aston Martin Ltd.
34	Sport 3.0	12	« Heldé »
35	Sport 750	58	Écurie Jeudy-Bonnet
36	Sport 1.1	48	Lotus Engineering
37	Sport 1.1	50	Automobiles Panhard et Levassor
38	Sport 2.0	31	Officine Alfieri Maserati
39	Sport 5.0	1	Aston Martin Lagonda Ltd.
etc			

Drivers	Car	Engine	Laps
Mike Hawthorn - Ivor Bueb	Jaguar D-Type	Jaguar 3.4L	307 *
Peter Collins - Paul Frère	Aston Martin DB3S	Aston Martin 2.9L	302
Johnny Claes - Jacques Swaters	Jaguar D-Type	Jaguar 3.4L	296
Helmut Polensky - Richard von Frankenberg	Porsche 550 RS	Porsche 1.5L	284
Wolfgang Seidel - Olivier Gendebien	Porsche 550 RS	Porsche 1.5L Flat-4	276
Helm Glöckler - Joroslav Juhan	Porsche 550 RS	Porsche 1.5L Flat-4	273
Peter S. Wilson - Jim Mayers	Bristol 450C Open	Bristol 2.0L	271
Mike Keen - Tommy Line	Bristol 450C Open	Bristol 2.0L	270
Tommy Wisdom - Jack Fairman	Bristol 450C Open	Bristol 2.0L	268
Marcel Becquart - Richard Stoop	Frazer Nash Sebring	Bristol 2.0L	260
Giulio Cabianca - Giuseppe Scorbati	O.S.C.A. MT-4	O.S.C.A. 1.5L	256
Ken Miles - Johnny Lockett	MG EX182	MG 1.5L	249
Auguste Veuill - Zora Arkus-Duntov	Porsche 550	Porsche 1.1L	245
Robert Dickson - Ninian Sanderson	Triumph TR2	Triumph 2.0L	242
Ken Richardson - Bert Hadley	Triumph TR2	Triumph 2.0L	242
Louis Cornet - Robert Mougin	DB HBR	Panhard 0.7L Flat-2	236
Ted Lund - Hans Waeffler	MG EX182	MG 1.5L	234
Gonzague Olivier - Josef Jeser	Porsche 550/4 Spyder	Porsche 1.5L Flat-4	234
Leslie Brooke - Mortimer Morris	Triumph TR2	Triumph 2.0L	214
Georges Trouis - Louis Héry	DB HBR	Panhard 0.7L Flat-2	209
Edgar Wadsworth - John Brown	Cooper T39	Coventry Climax 1.1L	207
Luigi Musso - Luigi Valenzano	Maserati 300S	Maserati 3.0L I6	239
B.Cunningham - Sherwood Johnston	Cunningham C6-R	Offenhauser 2.9L	196
Tony Rolt - Duncan Hamilton	Jaguar D-Type	Jaguar 3.4L I6	186
Pierre Hemard - Pierre Flahaut	Monopole X88	Panhard 0.7L Flat-2	145
Jacques Pollet - Hernando da Silva	Gordini T15S	Gordini 2.0L	145
René Philippe Faure - Pierre Duval	Stanguellini 750	Bialbero Fiat 0.7L	136
Juan-Manuel Fangio - Stirling Moss	Mercedes 300 SLR	Mercedes-Benz 3.0L	134
Karl Kling - André Simon	Mercedes 300 SLR	Mercedes-Benz 3.0L	130
René Cotton - André Beaulieux	Panhard VM5	Panhard 0.9L Flat-2	108
Maurice Trintignant - Harry Schell	Ferrari 121LM	Ferrari 4.4L	107
Don Beauman - Norman Dewis	Jaguar D-Type	Jaguar 3.4L	106
Roy Salvadori - Peter Walker	Aston Martin DB3S	Aston Martin 2.9L	105
Pierre Louis-Dreyfus - Jean Lucas	Ferrari 750 Monza	Ferrari 3.0L	104
Paul Armagnac - Gérard Laureau	DB HBR	Panhard 0.7L Flat-2	101
Colin Chapman - Ron Flockhart	Lotus 9	Coventry Climax 1.1L	99
Pierre Chancel - Robert Chancel	Panhard VM5	Panhard 0.9L Flat-2	94
Carlo Tomasi - Francesco Giardini	Maserati 200S	Maserati 2.0L	96
Reg Parnell - Dennis Poore	Lagonda DP166	Lagonda 4.5L V12	93

'55 LM #23 P.COLLINS/P.FRERE
#24 R.SALVADORI/P.WALKER
#25 T.BROOKS/J.R.PRICHARD

DB3S

第9章:栄光との出会い
1955年 シーズン後半

　ル・マンでの悲劇的な事故は、モーターレーシングの世界に非常に大きな衝撃を与えた。いくつかのイベントはキャンセルされ、カレラ・パンナメリカやスイス・グランプリのようにいくつかは再開されることはなかった。ドイツ・グランプリとニュルブルクリンク1000kmレースがカレンダーから消えてしまったが、2つとも、エンツォ・フェラーリから乗ってみないかとの話があったので、ポールにとっては特に残念だった。スペインとフランスのグランプリとランス12時間レースも消えてしまった。

　ポールが、ル・マンの後で初めてレースをしたのは、7週間も経ってからのスポーツカーによるスウェーデン・グランプリだった。ジョン・ワイヤーは、グッドウッド9時間レースのためにワークスマシンを取っておくと決めたので、彼はポールをアストンマーチンとの契約から自由にした。そして、ベルギー人の彼は、エキップ・ナショナル・ベルジュ(ENB:ベルギー・ナショナル・チーム)からの3リッター4気筒のフェラーリ・モンツァをドライブしないかという申し出を受けた。レース距離は、わずか100kmでしかなく、実際、勝利は得られなかったのだが、ポールは遠く過ぎ去ったこととしてみているレースだった。予選では、まったく同じフェラーリをドライブしたスウェーデン人ドライバーよりも6秒も速い最速ラップを出した。

　スペシャル・スポーツのカテゴリーでは、マセラッティに乗るジャン・ベーラが、2分29秒を出した。ポールは、クリアラップで走れるならこのフランス人の出したタイムと同じくらい速く走って自分が出した2分34秒のタイムを上回る自信があった。彼は、そうしようとコーナーに速過ぎる速度で進入した。情熱が強過ぎたのか、自信過剰だったのか、フェラーリはスピンしてコース外に飛び出した。彼はマシンから放り出されたが、幸運にも脚を骨折するだけで済んだ。彼は、特にレースをよく知っていたはずだったにもかかわらずENBのフェラーリ・モンツァを壊してしまったことで自分自身に対して非常に腹が立った。

　これは、ポールのキャリアの中で唯一の酷い事故だった。その時点で、彼は、手遅れにならないうちにレースを止めるべきだと悟ったのだ。しかし、彼はまだル・マン24時間レースに優勝したいという野望を抱いていた。そうして、この目的を達成するためにどうするべきかということが主な動機になって動いていった。

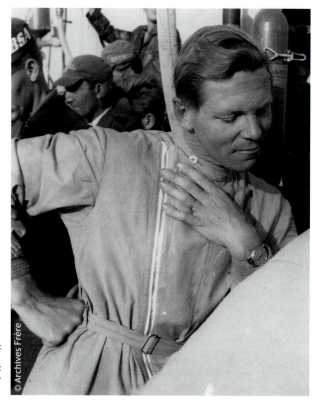

1955年、カールスコガで行われたスウェーデン・グランプリ。
ポールは数少ないミスのひとつを起こしてしまい、ENBのフェラーリ・モンツァを壊してしまった。

1956年のミッレミリアは、ポールにとってこの年初めてのレースになりルノー・ドーフィンに乗った。クラッシュしたが、雨にもかかわらず集まったたくさんの観衆の中で完走した。

1956年 重要な年

1956年のミッレミリアにて、左からジルベルト・ティリオン、モーリス・トランティニアン、ルイ・ロジェ、そしてポール・フレール。

ルノー・ドーフィンのドライバーのラインナップ:左からポール、ジャン・レデレ、ジルベルテ、モーリスそしてルイ。

　事故というのは、その当事者の心に小さな疑いの種をまいてしまうのは明らかだ。ポールにドライブしないかと持ちかけるどんなチームの監督も彼に対してネガティブなイメージを抱いているのではないかという感じを吹っ切ることが、事故後のポールがやらなければならないことだった。1955年12月、ある陰鬱な日にジョン・ワイヤーがポールにシルバーストンに来てアストンマーチンDB3Sをテストするよう頼んできた。

　天候は酷いものだった。ポールはこのサーキットを知らなかったし、スウェーデンでの事故で負傷した膝の痛みにまだ苦しんでいた。コースの状況からすれば、彼が出したタイムはかなり良いものだった。ポールは、テストドライバーのチーフだったレグ・パーネルに次のシーズンの契約をしてもらえるだろうかと尋ねたが、彼の答えはあいまいで、まるで若い見習いドライバーを相手にしているようだった。

　ポールは、この応対に少々憤慨したが、クラッシュした後の自分の運転能力に対する自分自身の疑いを増大させた。確かに、長い間運転していて、彼は引退を考えていたが、こういう状況下での引退ではなかった。彼の信条からすれば、大声を上げて立ち去るべきだったろうが、疑いが心の中に広がっていたし、彼は自分自身を絶対に正しいとは考えていなかった。加えるに、彼は自分の家族のことも考えなければならなかった。その一方で、彼は、挫折した記憶を一掃したかったし、その場から立ち去るという意味に取られるようにヘルメットをしまいたくはなかった。

　ジャガーチームのボス、ロフティ・イングランドがやって来てポールに救いの手を差し出した。彼は、ポールにシルバーストーンに来て天候が良いときにテストをするように頼んだ。彼は1分51.5秒で周回し、このサーキットを熟知しているマイク・ホーソンのタイムに非常に近かった。ロフティは即座に1956年シーズンの契約をポールに申し出た。

ベルギー人の彼は、すぐにはサインしなかった。彼は、当時最も速いマシンをドライブするということを知っていたし、契約書にサインするのは、自分の死亡確認書にサインするような印象を持ったからだった。
　メルセデス・ベンツも、ミッレミリアで300SLをドライブしないかと彼にもちかけていたが、ポールはルノー公団の競技部門の監督だったフランソワ・ランドンがエントリーした850ccのルノー・ドーフィンに乗ることを決めた。何より一番の理由は、彼はこの車が怖くなかったからだが、二番目の理由は、モーリス・トランティニアン、ジルベルト・ティリオン、ジャン・レデレ、ルイ・ポンはドーフィンに乗り、モーリス・ミッチーだけが4CVアルピーヌに乗るというルノー・チームに漂うフレンドリーな雰囲気に魅了されたからだった。
　ポールは、ジルベルトと一緒にコースの偵察に出かけたのだが、ペスカーラに到着する前にドーフィンのギヤボックスが壊れてしまった。2人のベルギー人はイタリア人の天才的なメカニックを発見した。隣村の修理工場のオーナーが彼らを助けてくれたのだ。彼は5速ギヤボックスを分解してパーツを地面の上に並べ、ガソリンで洗浄した。そして、5番目のドグ歯車に亀裂が入ってシャフトが緩んでいるのを発見した。彼は欠陥のあるドグ歯車を取り除き、ギヤボックスを再組立した。もちろん5速ギヤは使えなかったがそれは夢のように作動したうえに、修理代金は非常に安かった。ポールもジルベルトもイタリアに住んでいないことを後悔したくらいの気分だった。
　レースは、ポールの自信程には上手く行かなかった。霧がかかったラディコファーニ峠の下りでコースアウトしてしまい、彼自身は負傷しなかったが車が損傷を負った。しかし彼は諦めずに4台のドーフィンの最後尾で完走した。フェラーリがレースを支配し、上位5位までを独占した。
　ポールは、その後シルバーストーン・サーキットでデイリーエキスプレス新聞社が主催した量産車によるレースに参戦した。彼はジャガーマーク7をドライブした。そのとき彼は前座レースで多くの事故が起こるのを目撃し、レースが終わったらロフティ・イングランドに会いに行って、最終的にサインしてしまった契約をキャンセルしようと考えていた。ポールは問題なくレースイベントを終えたが、ジャガーチームのボスの所へ行って面会することはしなかった。

フランコルシャンにおける量産車グランプリ

　この結果は、彼の自信を高揚させ、次のレースはフランコルシャンでの量産車グランプリだと決めた。彼はこの決断をレース直前まで延ばしていたのだ。ジャガーは彼に2.4リッターの車を送ると約束してくれた。そして、最近ENBのマネージャーに就任したピエール・スタスは、スポー

1956年、スパ500kmレースで、ポールはENBの2リッターフェラーリで3位完走し、クラス優勝した。これは、フランコルシャンでの10回目の成功だった。

ツカーのカテゴリーでのレースに2リッターのフェラーリ・テスタロッサの新車で出ないかとオファーを出していた。
　予選中に、ジャガーはギヤボックスからのオイル漏れが原因でサスペンションのスタビライザーが壊れてしまった。日曜日の正午までに車をグリッドに並べるために、修理は時間との戦いだった。チーフメカニックのノーマン・デュイスは、壊れたギヤボックスをリビルトしようと夜を徹して試みたが無駄だった。彼は、エキュリー・エコスチームの1人のメカニックの力を借りて、ボディシェルをタガネで切断するという荒技を使ってエンジンを降ろすことなくギヤボックスを取り外してしまった。

1956

1956年のニュルブルクリンク
1000kmレースでは、ポール
は良い思い出を持っていない。

© André Van Bever

規則で求められるように準備を終えたマシンをパルクフェルメに並べなければならないのは当然だが、サーキットの競技長のレオン・スヴェンは正午までの追加時間を与えた。11時20分までにギヤボックスを組み立てたが、4速に入れるのは不可能だった。スコットランド人の顔に出さない忍耐力も尽きかけていた。スヴェンはさらなる延長を認め、マシンが修理されているスタヴロのルコック・ガレージでタンクに給油する権利も認めた。12時15分ギヤボックスは、ほぼ組み上がったが、1時間15分かけて車体に再び搭載しなければならなかった。最初のレースが行われている間にすべての結合部を組み付け、フロアやシートを元に戻しタンクを満タンにした。それは不可能な仕事に思えた。

何はともあれ、スタートの15分前にマシンはピットの前に停められた。タンクはシールされておらず、テストする時間もなかった。奇跡的にギヤボックスはちゃんと作動し、後にGPDA(グランプリドライバー協会)の会長となるアルファロメオTIに乗ったスウェーデン人のヨアキム・ボニエを破ってポールは優勝した。彼はスポーツマンシップに溢れていて、異議申立てをすることはしなかった。

続くレースで、ENBの2リッターフェラーリに乗ったポールは、2台の3.5リッタージャガーと3台の3リッターアストンマーチンの間を走っていた。その中のグラハム・ホワイトヘッドの運転する1台は、オランダから参加したダーヴィツのジャガーを追い越そうとしてコーナーの出口でコースアウトした。彼は160km/hでスピンしてその下の草地の裏手に姿を消したが幸運にも彼は負傷しなかった。

12周のうちの8周まで、アストンマーチンに乗るレグ・パーネルとぶつけ合いをするようなバトルを演じたが、ポールはフェラーリで無理し過ぎるのを恐れたので、イギリス人を先に行かせ3位でフィニッシュし、彼のクラスで優勝した。フランコル

シャンにおける彼の10回目の勝利だった。この2つのレースの勝利が彼に自信を取り戻させた。

ポールは、ランス12時間とル・マン24時間レースのために2日間かけてジャガーDタイプのテストを行った。テストは、ファクトリーがいくつかの技術的な進歩を評価するための非常に緻密なものであった。その主なものは、3基のツインバレルのキャブレターに替わって装備されたルーカス製の燃料噴射装置だった。キャブレターを装着したマシンの方は燃料消費が少なくて性能はほぼ同じだったが、燃料噴射装置を装備したエンジンのパワーカーブは、ランスやル・マンのような高速サーキットのレイアウトにより適していた。ポールは、ランス・サーキットのスポーツカーでの新記録を作った。それは、1954年のA.C.F.グランプリでストリームラインボディのメルセデス・ベンツにファンジオが乗って出した完璧なラップレコードより6秒だけ遅いタイムだった。

彼らは、新型のブレーキパッドやブレーキを冷却するためのフィンが付いたホイールカバーもテストした。ポールはアストンマーチンと比べてジャガーをドライブするのはとても楽だと気づいた。操縦するのに大きな力を必要とするものはなく、ブレーキペダルはアクセルペダルより少しばかり重たい程度だった。

ニュルブルクリンク 1000km

1956年5月26日ロフティ・イングランドは、ランスとル・マンの前の最終テストとして2台のジャガーDタイプをニュルブルクリンクに送った。ジャガーのリジッドリアアクスルは、ドイツのトリッキーな22.800kmのサーキットにはまったく合っていなかった。そのため、ブライシートからカルーゼルまでのセクションでポールは、後輪が接地するより空転していることが多いようなマシンを路面に接地するように保たねばならなかった。そして、タ

ンクが満タンの状態では、サスペンションは、縮みきっていた。

2日目のプラクティスの間、彼は酷い天候の中でマシンを走らせ、ヴィッパーマンのコーナーで少し速過ぎた。Dタイプは突然横向きになり、草に覆われた谷底にズリ落ちて行った。ジャガーは、4輪全部がもんどり打ってコースから80mも外れて止まった。マーシャルが飛び散った部品を回収するために到着したとき、ポールはマシンから無傷で降りていた。

彼のチームメイトのティッタリントンが、ポールをピットまで乗せて帰ってくれた。彼はボスのロフティ・イングランドから説教されると思っていたが、ボスは大丈夫かと静かに聞くだけだった。そして、自分も過去には何台もの車を壊してしまったことを明かし、ベルギー人にもう1台のマシンを用意することを約束した。次の日の正午、ノーマン・デュイスが、ランスでテストしたDタイプの中の1台を陸路運転してリンクに到着した。

ポールはこのマシンで予選を走っていなかったので、グリッドの最後尾からスタートしなければならなかった。最初の1周で奮闘して6位まで順位を上げたが、ギヤボックスが壊れてリタイアするはめになった。もう1台の燃料噴射式のジャガーに乗るホーソンは、3位を走っていたが、燃料タンクのクラックからコクピットに漏れてきた燃料の蒸気を吸って息を詰まらせながらピットに戻ってきた。北アイルランド出身のデズモンド・ティッタリントンが交代したが、リアアクスルが折れてチェッカーフラッグを受ける半周前に止まってしまった。

No.5のモス／ベーラ組のマセラッティ300Sは12周でリタイアし、No.6のピエロ・タルフィ／ハリー・シェル組にモス／ベーラ組がドライバーとして加わり4人が44周をリレーして優勝した。No.1のフォンジオ／カステロッティ組のフェラーリ860モンツァが26秒遅れの2位。

鍔ぜりあいの接戦の末に、タルフィ、ベーラ、シェルそしてモスが乗った3リッターのマセラッティが、ファンジオとカステロッティの乗ったフェラーリを30秒以下の差で振り切って優勝した。3位には、2台目の12気筒ワークスフェラーリがジャンドビアンとデ・ポルターゴのドライブで入った。

ポールがジャガーとサインをしたとき、彼はこのイギリスの自動車メーカーがエントリーするレースにだけ参戦すると決めた。とはいっても、彼は既にフランコルシャンでENBのフェラーリをドライブするという例外を作ってしまっていた。彼はこうすることによってリスクを減らそうと計算していた。そして、ベルギーグランプリであっても、もうF1グランプリには参戦しないと決めていた。

ポールは、前年に得た4位は、フルタイムのドライバーでない人間が到達できる最良の結果だと考えていたので、レースでのシートを得るためにRACB(ベルギー王立自動車クラブ)やどんなF1のコンストラクターチームともコンタクトしていなかった。

前の週にニュルブルクリンク1000kmで、ルイジ・ムッソはフェラーリを横転させるという事故で腕を骨折してしまったが、そのことでポールに運が向いてきた。コメンダトーレは、マイク・ホーソンを数の中に入れていたが、ホーソンは既にマセラッティに乗ることになっていた。フェラーリは、ENBカラーの黄色に塗ったアンドレ・ピレットのマシンも含めて5台を持って行くのに、5番目のマシンをドライブするのが誰もいなかった。

マセラッティに移ったネロ・ウゴリーニに代わってス

1956年のフランコルシャンにて。ベルギーグランプリの直前に、彼の妻のニネットと共に。

クーデリアの新しいチームマネージャーになってスクラーティは、電話でポールにせがみ続けていた。彼はポールの心を変えようと、できることは何でもやったが無駄だった。まず、ポールはフォーミュラ1をテストしていなかったし、加えて彼は家にいて家族の前だった。そこで、プラクティス2日目となる金曜日に、彼はドライブする意図は全然なく、ただリポートをするためにフランコルシャンに行った。スタヴロで彼はイタリア人のエンジニア、アメロッティに会い、誰が5番目のマシンをドライブするのかと尋ねた。アメロッティは、「まだ、誰もいないさ! 我々は、まだ君を勘定に入れているんだよ!」。

ポールは、元ライバルが雨の中でプラクティスをしているのを1時間半も見ていた。その間に、彼の態度に驚いた何人もの友人に励まされ、1955年のランチア由来のこの愛らしいマシンに強く引きつけられ、彼はスクラーティに会いにいった。プラクティスが終わろうとするとき、ポールはイタリア人にレースでドライブすることを約束するわけではないが、マシンをテストさせてくれないかと頼んだ。スクラーティはためらうことなく受け入れた。ポールはフェラーリに乗り込むやいなや、ほかの誰だってそうだろうが、グランプリに参加することに迷いはなかった。

1956 Belgian Grand Prix

カステロッティ、ファンジオ、アンドレ・ピレット(黄色)そしてフレールが乗るフェラーリがフランコルシャンのピット前に並んでドライバーを待っている。
© André Van Bever

第10章:1956年ベルギーグランプリ

　次の日の最終予選では、彼の心配したことが現実となった。彼は10周ほど走ったが4分23秒を下回ることはできなかった。ピーター・コリンズは4分23秒、ファンジオは4分09秒5だった。ポールには練習走行が足りなかったのは明らかだった。さらに、14台エントリーしたマシンのうちの少なくとも10台は世界でも最高のドライバーの手で走っているのだ。

　フェラーリに乗る彼のチームメイトは、ファンジオ、カステロッティ、それにコリンズ、それにプラスしてENB (ベルギー・ナシオナル・チーム)のアンドレ・ピレットだった。ワークス・マセラッティチームは、モス、ベーラとペルディーサで、それにプライベートの250Fに乗ったルイジ・ヴィロレーシ、ルイ・ロジェ、それにスペイン人ドライバーのゴディアがいた。最後に非常に速い2台のヴァンウォールは、モーリス・トランティニアンとハリー・シェルの2人の名ドライバーが走らせる。5台のフェラーリはすべて同じで、前年フェラーリに買収されたランチアD50をベースにして、マラネロの工場で改造されていた。主な変更点は、両サイドに搭載されていたパニエ式の燃料タンクが、リアの大きな1つの燃料タンクに置き換えられたことだった。

1956年、ベルギーグランプリにて。競技長レネ・バーケンによるドライバー・ブリーフィング。
左からモス、ゴウルト、コリンズ、ピレット、フレール、ベルディーサ、ゴディアそして、カステロッティ。
© Adolphe Conrath

1956年ベルギーグランプリのスタートシーン。No.8のコリンズとNo.2のファンジオがモスのマセラッティを挟み込んでいる。彼らの後方にいるのは、カステロッティ(フェラーリ)とベーラ(マセラッティ)。No.6のフェラーリに乗るポールは、3列目の左に付けている。

スタートは小雨の中で行われた。マセラッティに乗るモスは既にレディヨンを登っていてフェラーリに乗ったコリンズとファンジオが追っている。その次にジャン・ベーラとカステロッティが続いている。ポールはオールージュのコーナーの外側を走っている。

タンクを内蔵したストリームラインはそのままだった。それはボディワークと一体化され、小さな補助タンクを内蔵していた。

4本のカムシャフトと4基のダブルバレル・ソレックスキャブレターを備えたV8気筒エンジンは、フェラーリのエンジニア、アマロッティの手で調教され275馬力を出していた。5速ギヤボックスの1速ギヤはマシンをスタートさせるときにだけ用いられた。だから2速ギヤでラ・スルスを走るときには加速が弱かったはずである。

レース当日プラクティスのときは快晴だったが、灰色の空と断続的な雨に変わった。ファンジオ、モス、コリンズが最前列を分け合った。ポールは8番目のタイムだったので、前年と同じようにグリッド3列目のピット側になった。旗が振られてモスがダッシュして先頭に立ち、コリンズ、ファンジオが続いた。ポールはベーラのマセラッティと2台のヴァンウォールから成る4台のマシンでグループを作っていた。ベーラは、トランティニアンがトラブルにはまっている間に先行してしまった。

ポールとハリー・シェルは何周にもわたって接戦を続けた。ポールはシェルをマスタ・エセスの後で抜き、ラ・スルスまで前を走ったが、緑のヴァンウォールが加速して再び抜いた。彼らの死闘は、ポールがラ・スルスまでアメリカ人のシェルとの間に充分な距離を保ち、レディヨンまではシェルがポールを追い越せないようにした。一度ポールが引き離してしまうとシェルは心が折れてすぐに離されていった。

そうなると、ポールはコースをひた走った。彼はもっと自信を持ち始め、ピットからのサインで6位を走っているのを知った。突然モスがピットに向かってフルスピードでレディヨンの坂を駆け下りているのが見えた。彼のマシンは、コース脇に置き去りにされホイールがなくなっていた。ポールは5位となった。彼の従兄弟のピエール・シンプが、いつものようにラ・スルスに陣取っていて、彼に4位となったことを知らせた。というのもカステロッティが、トランスミッションの故障でリタイアしたのだ。4位となったが、レースは3分の1を残すのみだった。

雨はまだ断続的に降り続いており、コースを非常に滑りやすい状態にしていた。ポールは、マシンに完全に慣れて自信が急に湧いてきた。彼はベーラを捕らえようとし始めた。フランス人の26秒のリードは20秒に縮まり、そしてすぐに、スタヴロからラ・スルスへの登りで赤いマセラッティのテールがポールの視界の中でどんどん大きくなってきた。3位が手の届くところにあるのを知ってポールは攻め始めた。

このことが翼を与えたようだった。ポールは、プラクティスの不足、ためらいを完全に忘れてしまっていた。彼は、今までずっとフェラーリを運転してきたかのようにフランコルシャン・サーキットをほぼ200km/hで周回し始めた。彼は、マセラッティのわずか100m後方にいた。突然、彼はフォンジオのフェラーリがスタヴロのコーナーの直後のコース脇に止まっているのを見た。彼は今や2位を争っていた。

彼は本当に激しくベーラを攻め、そしてブルノンヴィル・カーブの出口で抜いた。そのとき、彼は、昨晩このフランス人とこのコーナーを攻めるベストな方法とどこがベストなブレーキングポイントを話し合っていたのを覚えていた。ポールはそれまでベーラより75mも早くブレーキをかけていたことを知ってポールはベーラの技に感銘した。

ポールは、6位争いをヴァンウォールに乗るハリー・シェルと長い間続け、何度も順位を入れ替えた。最終的に、アメリカ人のハリーをレ・コンブの登りで引き離した。

ポールは、RACB(ベルギー王立自動車クラブ)会長のプリンス・アモリー・ド・メロードから祝福された。

もともとルイジ・ムッソが乗る予定だったフェラーリにポールが乗って、ラ・スルスのコーナーを回っている。

しかし、最も距離を開けてマセラッティを抜いたのはこの地点だった。そのとき、ほかのドライバーがサーキットで何をやっているんだと言っていてももう二度と聞かないぞと、彼は自分自身に言い聞かせた。

次の2周、ポールはベーラとのリードを広げて、1位を走るチームメイトのコリンズとの差を縮めるために全力で飛ばした。彼は、4分17.5秒というこのレースで3番目に速いタイムを出した。ファンジオのタイムに0.1秒差だったし、ドライの路面でモスが記録した最速タイムより2.8秒遅いだけだった。ベーラのマセラッティが壊れたので、ポールの2位は安泰となった。ベーラはマシンを押して、ピレットに次ぐ7位でフィニッシュラインを通過した。ペルディーサのマシンを召し上げたモスとシェル、ヴィロレーシが3位、4位、5位に入った。

コリンズとポールの2人にとって、彼らの経歴に残る素晴らしい日となった。このイギリス人は初めてのグランプリ優勝を飾った。2位で完走したポールもアマチュアドライバーとしていまだかつてない最高の結果にたどり着いた。それは、ベルギー人が、母国のサーキットでなし遂げた最良の結果で、この記録は今日でも破られていない。

表彰台の上のコリンズ、自分、モスの周りにジョン・ヒースをもう見ることができないのをポールは残念に思った。ヒースはこの3人すべてを信頼してくれ、初めてグランプリマシンに乗るチャンスを与えてくれたのだ。

List of entries and results

Res.	N°	Driver	Car	Laps	Time	Grid
1	8	Peter Collins	Ferrari	36	2 h 40 min 00s 3	3
2	6	Paul Frère	Ferrari	36	+ 1 min 51 s 3	8
3	34	Cesare Perdisa Stirling Moss	Maserati	36	+ 3 min 16 s 6	9
4	10	Harry Schell	Vanwall	35	+ 1 lap	6
5	22	Luigi Villoresi	Maserati	34	+ 2 laps	11
6	20	André Pilette	Ferrari	33	+ 3 laps	16
7	32	Jean Behra	Maserati	33	+ 3 laps	4
8	24	Louis Rosier	Maserati	33	+ 3 laps	10
Rtd.	2	Juan Manuel Fangio	Ferrari	23	Transmission	1
Rtd.	12	Maurice Trintignant	Vanwall	11	Fuel feed	7
Rtd.	30	Stirling Moss	Maserati	10	Lost wheel	2
Rtd.	4	Eugenio Castellotti	Ferrari	10	Transmission	5
Rtd.	28	Piero Scotti	Connaught	10	Engine	12
Rtd.	26	Horace Gould	Maserati	2	Gearbox	15
Rtd.	36	Francisco Godia	Maserati	0	Accident	13

第11章:聖杯を探す旅
ランス12時間レース

　アバルトを使ったモンツァ・サーキットでの速度記録挑戦が終わってから(第13章参照)、ポールは12時間レースのためにランスに赴いた。彼は、ロフティ・イングランドが率いるジャガーチームにその年の始めに加入していたが、有名な大聖堂の町に着いたときにはすべての準備ができていた。マシンの点検は終わっており、ドライバーの希望と5月に同じサーキットで行われたテストで出したタイムにより、ドライバーの組み合わせも決められていた。3台のマシンは、デズモンド・ティッタリントン／ジャック・フェアマン組、ポール・フレール／マイク・ホーソン組そしてダンカン・ハミルトン／アイヴァー・ビューブ組によりドライブされることになっていた。そして、エキュリー・エコスによりエントリーされた4台目のマシンは、ニニアン・サンダーソン／ロン・フロックハート組の手に委ねられた。

　プラクティスでは、コヴェントリー製のビッグキャット勢は、新型の3.5リッターマセラティやジャン・ルーカス／ハリー・シェルがドライブするフェラーリ・モンツァなどのライバルを圧倒した。ティッタリントンが2分35.3秒のトップタイムを出したが、4台に乗るドライバーは同じようなラップタイムを記録した。

　大排気量のマシンによる12時間レースの直前に、1500cc以下のマシンによるもうひとつの12時間レースが、正午から深夜0時まで行われた。(F1のA.C.F.グランプリは、日曜日の15時からのスタートだった)最初のレース中に、ベルギー人のジルベルト・ティリオンの元チームメイトだったフランス人の女性ドライバー、アニー・ブスケが、ミュイゾンの集落前のコーナーで死亡事故を起こした。

　彼女は、自分の所有する青いポルシェ550RSの整備をしたシュツットガルトから自分で運転して戻ってきた。プラクティスの時間に間に合うように夜通し走ってきたので充分な睡眠を取ることができなかった。激しく攻める伝説的な彼女のドライビングスタイルと疲労がクラッシュの原因だったのだろう。そのコーナーには、その後彼女の名前が付けられたが、ジルベルト・ティリオンは、彼女の死に非常に衝撃を受けレースを棄権した。

　メインレースは、4台のジャガーにとって楽勝のレースだった。上位4台を独占し、優勝したのはハミルトン／ビューブ組だった。ドライバーが順位をキープするように命令を受けた7時30分の時点でポールはトップを走っていた。ダンカン・ハミルトンは、この命令を聞かずに、ポールの乗るキャブレター付きよりももっと速い彼の燃料噴射式のDタイプでポールを追い越した。ロフティ・イングランドはハミルトンに対して非常に怒り、ル・マン24時間レースでは彼の代わりにケン・ウォートンを走らせた。

1956年ル・マン24時間レース

　悲劇的な1955年のル・マン24時間レースにホーソン／ビューブ組で優勝したジャガーチームは、次の年にアストンマーチンと死闘を繰り広げることになるサルト・サーキットに到着した。ワークスチームは、ランスのときと同じく数カ所の改良を施した3台のマシンを運んできた。ドライバーのラインナップは、ホーソン／ビューブ組、フレール／ティッタリントン組とフェアマン／ウォートン組だった。エキュリー・エコスは、シャンパンの産地のランスと同じ、サンダーソン／フロックハート組のドライバーだった。アストンマーチンのワークスチームは、非常に強力なドライバーを組み合わせたスターリング・モス／ピーター・コリンズ組とロイ・サルヴァドリ／ピーター・ウォーカー組が2台の3リッターDB3Sをドライブし、レグ・パーネル／トニー・ブルックス組が新型の2.5リッタープロトタイプに乗ってバックアップする体制だった。

何度かジルベルト・ティリオンのコ・ドライバーを務めたアニー・ブスケ。
彼女の新型ポルシェ550RSスパイダーに乗って。

1956 Le Mans Race - slideshow

1956年のル・マン24時間レースにて。ニニアン・サンダーソンは、ロン・フロックハートと共にドライブするエキュリー・エコス
のジャガーDタイプに飛び乗り、彼の最後のスティントに向う。これは正午の光景で、モス／コリンズ組のアストンマーチン
DB3Sに対して1周のリードを保っていた。

© Archives Jaguar

MEA CULPA
懺悔録

by Paul FRERE

幸運にもエキュリー・エコスのジャガーによって得られた素晴らしい勝利によって、私の乗ったジャガーとチームメイトのジャック・フェアマンのジャガーをレースでリタイアさせてしまったという私が感じていた罪悪感は少し和らげられた。世界で最も偉大な耐久レースで走らせるマシンの中の1台を、そして可能性を持った何十人もの候補者の中から私を選んでくれた会社の信頼を、私のミスのせいで最初の2周を走っただけで失い、競争力を持ったマシンが1台しか残っていない状態にしてしまった。そして、私がピットまで歩いて帰るまでの間に走れるかどうか分からないマシンを止めてしまい数ラップを失ってしまった。

この年は、3台のうちの1台をドライブして、普通ならばル・マン24時間レースで総合優勝をする程に私は運が良かった。そんな素晴らしくめざましい勝利を得ることができるならプロではないドライバーにとって比類のない偉業だったろう。

1秒にも満たない私自身の過ちで、そんな素晴らしい希望を打ち砕いただけでなく、私のチームメイトのデズモンド・ティッタリントンを深く失望させてしまった。しかし、そんなことは、私がジャガー社に対して行った酷いことに比べれば、とるに足らないことなのだ。私は、非常に重い責任を感じている。

私が、2位で完走したベルギー・グランプリと比べて欲しい。もし私が、優勝するはずだったピーター・コリンズを巻き込んでコースアウトしたら、フェラーリからの信頼を完全になくすだろう。しかし、ル・マンでジャガーが2台のマシンを失ってしまったことに比べれば、かなり小さな災難なのだ。なぜなら、フォーミュラ1は、毎年6つか7つある大きなイベントなので、ある日の失敗は2～3週間後にはぬぐい去ることができる。それにフェラーリの会社としての販売実績はジャガー社に比べれば微々たるものだし、フェラーリは、車を売るのにグランプリの1つや2つに細かいことは言わないのだ。

ジャガーの場合はかなり違っている。ファクトリーが行うレースは宣伝が主な目的である。そして、サー・ウィリアム・ライオンズの会社にとって、ル・マン24時間レースは、1年間を通じての研究と念入りな準備を行ったターゲットなのだ。ル・マンでの勝利は、多くの国々において、何百いや何千台もの車の販売に結びついて、貴重な現金をこのイギリスの会社にもたらすのだ。

ドライバーにとって、リタイアはプライドを傷つけられることだけではなく、いつもイライラさせられることである。しかし、今回の場合、私はつかの間の成功やマシンを損傷させたこと以上に、責任ということを重く感じるのだ。もともと、私はリタイアしたドライバーの言い訳に対しては寛大ではないが、彼らがコントロールできない状況、例えば、ほかの車が突然彼らの行く手をブロックしてしまったときや、サインも示されずに道路上に現れた見えないオイルの溜まりとかは例外である。とりわけ、道路が雨に濡れて滑りやすくなったとかいう言い訳を、私は決して容赦しない。タイヤのグリップは変化するものだし、ドライバーが正確にそれを判断するかどうかだ。それは、仕事として必須ではないだろうか。

この種の間違いを言い訳にする場合がある。例えば、危険なライバルをできるだけ引き離すためにとか、ライバルとの間をできるだけ縮めるためにできるだけ速く走れとあるドライバーが言われたとしよう。こういう言い訳は、24時間レースの最初の5分間では通じないものだ。

私の事故は、第2周目に起きた。テルトル・ルージュそしてエセスへと下って行く坂の前にあるわずかな登りの頂点を過ぎた所で、私はできるだけ早くブレーキを踏まねばならなかった。私は、それらのコーナーを通過することができないと悟った。数分前に降った雨はまだあまりに新し過ぎたので、サーキットのほかの部分と比べてあまりにも滑りやすかった。そして、コーナーの最初の部分に入って行くのに充分な減速ができていないと知った。私が予想したように最初の左カーブで横滑りしてコーナーの外側のフェンスに後ろ側を激突させてしまった。マシンはクルリと回って、レースの進行方向を向いて止まった。私の心の中に、レースを継続できない程に酷い損傷を受けてしまったという考えが浮かんだのは間違いない。しかし、エンジンを再スタートさせて事故の現場から何とか逃げ出すことができたのだが、ミュルサンヌのストレートで、他のマシンにぶつけられる前にジャガーをリタイアさせた。

運の悪いことに、私のすぐ後ろに迫っていたチームメイトのジャック・フェアマンは、私がコーナーで事故を起こしたのを見て、ブレーキを強く踏んで彼もスピンした。しかし、彼はエセスのコーナーに入る前にスピンしたので、彼のマシンはどこも打ってはいなかった。そこで、彼がまず考えたのは、ほかのマシンがそこに来る前に再スタートしてその場から逃れることだったが、そこへデ・ポルターゴが高速で突っ込んで来て、フェアマンのマシンの後部に激突してからフェンスに突っ込み、彼のフェラーリのオイルタンクを破裂させてしまった。幸運にも、3台全部がほかのマシンが来る前に動くことができたが、フェラーリはオイルを全部失ったのでピットには戻れなかった。フェアマンのジャガーは、フェラーリにぶつけられてアッという間に壊れてしまったフロントのシャシーを構成するチューブで苦しんでいた。幸いにも、3台の多重衝突だったのに誰も負傷しなかった。最終的には、ほかのチームに販売された、ワークスによる特別な装備は何も付いていないDタイプが優勝したことで、もっと印象的なものになった。フェラーリもジャンドビアン／トランティニアン組が乗った2.5リッターマシンが素晴らしい活躍をしたので、最終結果は、2周目に起きた事故で完全に歪められたものにはならなかった。しかし、レースを台なしにされてしまったすべての人に、私は謙虚に謝りたいのである。

by ポール・フレール

これは、プロトタイプに課せられた2.5リッターという新しいレギュレーションのためだった。ジャガーもアストンマーチンも50台以上の生産をしなければならない量産スポーツカーのカテゴリーに入っていたのだ。フェラーリもこの新しいカテゴリーに入れられ、2.5リッターというハンディキャップと空力的に非常に不利なウインドスクリーンを課せられたうえに、イタリア人ドライバーもいなかった。

プラクティスでは、ジャガーはクラスで一番近いタイムを出すライバルより7～8秒速かった。それに加えてキャブレター付きのDタイプは、燃料噴射式と同じくらい速かったし燃料消費量も変わらなかった。

ポールはレース当日のオープニングセッションには出なかったが、チームメイトのデズモンド・ティッタリントンが1周目でクラッシュした。そういうわけで、彼らはスペアカーを使わなければならなかった。ポールはスタートを担当するように要請され、マシンの反対側でいつものように気持を高ぶらせて白い円の中で身構えていた。彼が夢見ていたこのレース優勝する可能性は、これまでになく高かった。彼は、間違いを認めたことで成長した。

1956年のル・マンにて、2周目でポールはコースアウトしてしまった。彼のマシンが損害を受けただけではなく、同じチームのジャック・フェアマンのマシンをも巻き込むものだった。デ・ポルターゴのフェラーリがフェアマンのマシンにぶつかる事故が、2台のDタイプとデ・ポルターゴのフェラーリのリタイアの原因だったが、ポールは、ベルギーのスポーツ紙「ル・スポール」の中で自分の責任を認めている。

ホームストレッチにて。優勝することになるロン・フロックハートとニニアン・サンダーソンが乗るエキュリー・エコスのジャガーDタイプがコヴェントリーからエントリーしたマシンで唯一の生き残りとなった。

　主催団体のACOは、1955年の悲劇の後、ル・マンのサーキットを改修する大計画を進めていた。ピット、グランドスタンド、コースは、当時としては例外的な安全基準を基に作り直されていた。有名なダンロップカーブとブリッジは、コーナーの視認性を高めるために移設された。スタートの直前、シャルル・ファルーはポールに向って叫んだ。「フレール君、我々は君に注目しているんだ。今年のドライバーは頭を使わなきゃいけない。そのドライバーを有するジャガーが優勝するだろう！」

　スタートの10分前に小雨が降り始め、ポールは直ちに路面は非常に滑りやすくなるだろうと感じ取った。マシンは、いまだに予選タイムの順ではなく、排気量に従って並べられていたので、斜めに長く並べられたヘリンボーンスタイルのグリッドで彼のジャガーは2番目だった。彼のエンジンはすぐには始動しなかったので、エンジンがかかったときには、彼のチームメイトは既に走り去っていた。ポールの目的は、できるだけ早くホーソンの後に続く2位に付けるように奮闘することだった。

　彼は、ミュルサンヌのストレートで何台かのマシンを追い抜き、メゾン・ブランシュの前では、チームメイトのジャック・フェアマンも抜いた。彼が、テルトル・ルージュ、エセスへと続く下りの前のわずかな登りを上がったとき、エセスの最初の部分へと続く急な左カーブに速過ぎる速度で入ろうとしていると分かった。

ブレーキペダルを足で踏みつけたが、ホイールはロックしてしまいコーナーを回るには充分な速度に減速できないと悟った。彼は、何とか内側のグリップを得ようと努力したがかなわず、マシンはスピンしてフェンスに激突した。わずか6分間のレースで、優勝への希望は消え去った。彼を追ってきたほかのマシンに何が起こるかと心配した。ポールの後に続いていたフェアマンがこのコーナーに入ってスピンしたが、何にもぶつからなかった。

そこへフェラーリに乗ったデ・ポルターゴが来てスピンし、再スタートしたばかりの不運なフェアマンのリアにぶつかった。ポールは何とか前へ進もうとしたが、後部から聞こえてくるきしみ音は、ホイールがボディと接触しており、おそらく、シャシーが曲がっているからだった。

彼はミュルサンヌの直線路が始まる所までノロノロと走り、クルマを止め外に出て被害状況を見た。ボディ後部はくしゃくしゃになり、シャシーのチューブが曲がってしまったことにより1本のタイヤが破裂していた。彼は、マシンをピットまで運転して帰ろうと硬い決意をしたが、数百m走ったところで過熱したタイヤが破裂してしまった。彼は、雨の中を恥辱と怒りを覚えながらピットまで戻るしか、ほかに方法がなかった。

フェアマンのマシンの姿が見えなかった。ポールはジャガーチームのボスの絶望した状況を想像できた。もっと悪いことに、ホーソンのマシンも見えなかった。彼は、災害の全体を強く意識した。ジャガーは熟した果実を収穫するようなものだったレースでの優勝を彼のせいで失おうとしているだけでなく、会社の経営陣は世界中に何千台もの車を売ろうとしていたのだった。

ポールは30分も歩いてピットに戻った。ホーソンのマシンが止まっていた。ジャガーの優勝へのすべての望みが打ち砕かれた。ポールは、彼の落胆を言い表す正しい言葉を見つけられずにいた。加えて、彼はこのイギリスの自動車会社に雇われた初めての外国人ドライバーだった。ロフティ・イングランドは、ポールが口を開ける前にポールに話しかけたが非難はしなかった。彼はレースのすべてを知っていたし、その本来持つリスクもドライバーが絶対に間違いを起こさないことはないとも知っていた。ポールは、そのことを決して忘れていなかったが、それでは、彼の恥いる心も強かったので、彼は耳に聞こえるように言われた方がよかった。

そうしている間に、アストンマーチンが1位と2位を占め、ホーソン／ビューブ組のジャガーは、燃料噴射装置のパイプの亀裂を修理して先頭から21周遅れで再スタートした。エキュリー・エコスチームのフロックハート／サンダーソン組だけが救いだった。夜になる前に、彼らのジャガーは2台のアストンマーチンを捕らえリードを奪った。

夜の間を通して、モス／コリンズ組のDB3SとDタイプは、2人のイギリス人が狂ったような戦いを繰り広げ、本来の彼らのマシンが走るペースよりもずっと速いものだった。夜が明けるとダークブルーに白いストライプを入れたジャガーが少しずつしかし確実に引き離し始め、アストンマーチンよりも1周先でフィニッシュラインを越えた。ポールは眼に涙を浮かべた。エキュリー・エコスはジャガーの面目を保ってくれたが、ポールはドライバーとしての最高のチャンスを台無しにしてしまった。

ジャガーは、ル・マン24時間レースで4度目の優勝をした。ロン・フロックハートは、モスと共にアストンマーチンで2位となった左端のピーター・コリンズの影に隠れている。女性とおしゃべりしているのが、ニニアン・サンダーソン。

ポールはこの挫折のままで1年を終わらせることなどできなかった。彼は既にレーシングドライバーと呼ばれるに充分なキャリアを築いていたが、1955年にスウェーデンで事故を起こしたときのように眼に見える形で挽回したかった。残念なことに、カレンダーにはもう多くのレースは残っていなかった。そこで彼は、9つの異なるサーキットでのスピードレースとそれを結ぶラリーステージからなるツール・ド・フランス・オートに出ることを決めた。

　彼は幸運にも理想的なコ・ドライバーと車を見つけた。エイドリアン・シールドは、ラリーに長い経験を持ち、1300ccのアルフェロメオ・ジュリエッタ・スプリント・ヴェローチェという速い車を所有していた。シールド／フレール組は、このイベントで優勝する希望は持てなかったが、素晴らしい走りを見せて総合7位、クラスで2位という結果を残した。クラス1位は同じ車に乗るハリー・シェルで、彼はヨーロッパでF1のレースに出ていた初期のアメリカ人ドライバーのひとりで、主にマセラッティやBRMに乗っていた。

　そのレースは、その年のポールの最終レースにはならなかった。10月の終わりにあまり知られていないカステルフザノ・サーキットで行われるローマ・グランプリで、ENB(ベルギー・ナショナル・チーム)が、彼に2リッターのフェラーリに乗らないかともちかけたのだ。スクーデリア・フェラーリはワークスカーをエントリーしていなかったので、ポールにはレースで優勝する良いチャンスだった。

　マシンがマラネロから到着するのが遅くなり、さらに計時係がポールのタイムを記録するのを忘れたために、彼は最後尾からスタートしなければならなかったが、ポールはすぐに先頭集団との距離を縮め、ベーラとシェルが乗った2台のマセラッティの後に次ぐ3位に上がってレースを終えた。彼にとって重要なのは、すべてのフェラーリを打ち破って表彰台に上がったことだった。

　そういうわけで、ポールにとって1956年は喜びと欲求不満の年であった。彼のル・マンでの事故は傷跡として残ったが、そのレースではリタイアしたマシンの半分以上はクラッシュによるものだったので、全体的に見れば気を取り直せた。何はともあれこの2年間は、彼はメジャーなレースで金を使わずに参加できたし、彼の成績は非常に優れたものだった。1955年のル・マン、ランス12時間レース、ベルギー・グランプリではどれも2位だったし、F1のドライバー選手権では7位だった。それに小さなレースではいくつも優勝できた。「私は、レースを続けるべきだろうか?」という疑問が3人の娘を持つ彼の心を苦しめていた。

1957年、ポールは、セブリング12時間レースでルノー・ドーフィンを走らせた。

1956年、ルノー・ドーフィンに乗ったジルベルト・ティリオンとナディージュ・フェリエ(左)は、第1回ツール・ド・コルスに優勝した。別のドーフィンに乗ったフレール/ラッセル組はリタイアだった。

ルノーの競技部門のマネージャー、フランソワ・ランドンは、ポールの揺れ動く心をさえぎって、第1回ツール・ド・コルスでルノー・ドーフィンを運転しないかともちかけた。ポールは、信頼を寄せるコ・ドライバーのフレディ・ルセルと一緒に喜んでこの提案を受けた。ドーフィンは、曲りくねったコルシカ島の道路に理想的なように上手く準備されていた。確かに、このフランス製の車はこのイベントに勝利したが、彼らが期待していたドライバーによってではなかった。優勝は女性ドライバーのジルベルト・ティリオンとナディージュ・フェリエ(旧姓ワッシャー)組が獲得し、ニュースのトップを飾った。ジルベルトはこの勝利により、1956年のナショナル・スポーツ・トロフィを受賞した。これは、ベルギーで最も権威のあるスポーツのメダルである。コルシカ島の住民は、「女性が勝つなんて、このレースは、朝飯前みたいなもんだろうな!」と辛辣な言葉を浴びせた。ポールとフレディは、前輪のホイールベアリングが壊れてリタイアした。

1956年のクリスマスのころ、ランドンはポールに、1957年3月に行われる有名なセブリング12時間レースでドライブしないかと言ってきた。それは、ポールのためにドーフィンが用意されていて、レースが終わった後、それに乗って数週間アメリカ合衆国に滞在できるという誘惑的な提案だった。

彼はイエスと言い、3カ月後には、暑さで息が詰まるようなフロリダでジャン・ルーカスと一緒にいた。ルノーはアメリカ市場に進出しようと決意していた。彼らは会社の目的を達成する助けとなるべく、ドーフィンを青と白と赤に塗り、フィニッシュラインを横に並んで越えようというのだった。コースの周りには、ヨーロッパ製のスポーツカーのファンが並んでいた。レースは、ファンジオ／ベーラ組のマセラッティとピーター・コリンズ／モーリス・トランティニアン組のフェラーリの情け容赦ない戦いが繰り広げられる劇場のようだった。最後には、4.5リッターのマセラッティが優勝し、2位には、モス／シェル組が乗る同じマセラッティが入った。

ルノー・チームは、3台の車が12時間のレースの終わりに横に並んでラインを越えるという最終的な結果に満足だったが、ポールだけは違った。彼の活躍は自分が期待した程のものではなかった。彼のドーフィンはひびが入ったラジエーターで苦しみ、チームメイトの2台に遅れること3周でチェッカーフラグを受けたが、完走した38台中37位という成績だった。それまでの彼がやってきたこととは違っていたが、彼をもっと傷つけたのは、レースの間に60数回も速いマシンに追い抜かれたことで、特に、前年彼が乗っていたジャガーに抜かれたことだった。ドーフィンが1周する間に、彼らは2周も回っていた。彼は、ルノー・ドーフィンに乗って5週間で1万6000kmも走って東から西へとアメリカ合衆国を横断する旅を続けることで自分自身を慰めた。

ヨセミテ国立公園からサンフランシスコへと続く美しい山岳路を、ポールは中央の白線を跨いで、彼なりに安全に走っていたのだが、反対車線から突然現れたパトロールカーが彼の幸運な日を打ち破った。激しくブレーキングしてUターンするとポールを止めた警官は、「この小さな車で右側をキープして走れないんだったら、運転なんかやめた方が良いぞ!」と言った。この警察官は元バイクレーサーで、ライダー同士で少し状況を説明すると、意気投合して楽しい時を過した。

1956年、ベルギーのアルデンヌ地方にあるラ・ロッシュでのヒルクライムにて。メルセデスベンツ300SLに乗ったポールが、このイベントで彼を打ち負かしたジルベルト・ティリオンとおしゃべりをしている。

1957

1957年のミッレミリアのスタートでのエルンスト・シュトラーレ／ロベール・ブーシェ組の1500ccのポルシェ356A。彼らは総合14位で完走しただけでなく、彼らは同じマシンで1959年のリエージュ・ローマ・リエージュに優勝している。
© D.R.

1957年 ミッレミリア

　セブリング12時間レースに出発する前に、ポールは、有名なミッレミリアで同じドーフィンをドライブすることを既に受け入れていた。このイベントでは、彼はまだ多くのことをなし遂げていなかった。とにかく、アメリカ合衆国で長い旅をしてきた後に、家族とわずか60時間だけしか過ごしていないのに、試走とレースで5日間にもう5000kmも走ることを考えると明るい顔ではいられなかった。後になって彼は、自分が運転を楽しんできたいろいろなマシンの1台ではあったが、比較的アンダーパワーの車を運転するのであっても決してこのレースに参加したことを後悔していないと指摘している。さらに、自動車の歴史の初期から伝統が続くこの世界的に有名なレースの最後の開催になるとは、彼はこの時点で知らなかった。

　国際的に多大な名声を集め、計り知れない人気を持っていたということが、ほぼイタリア全土での交通を止めてまで行われていたレースを運営するに当たってのすべての問題を何とか抑えつけていた。何百台もの車がレースで競い合っている中で、1台がコースアウトしても、公的権力は観客に何の防御も与えられなかったことを忘れてはならない。

　最終的な優勝は、このイベントでの優勝を長年追い求めてきた非常に幸福な52歳のピエロ・タルフィのものとなった。彼は既に1933年2位で完走していた。マセラッティに乗ったモスが首位を走り、次にフェラーリに乗ったコリンズが首位となったので、彼らがメカニカルトラブルで脱落するまで、成功は再びタルフィの手から逃げてしまおうとしていた。良きドライバーであり、素晴らしいエンジニアにして完璧な紳士であるタルフィに、勝利の冠が与えられた。3リッターのフェラーリ250GTに乗り、従兄弟のジャック・ワッシャーをコ・ドライバーとしたオリヴィエ・ジャンドビアンが、グランドツーリングカーのカテゴリーで優勝しフェラーリの勝利を完璧なものにした。

　デ・ポルターゴの悲劇的な事故は、タイヤが縁石に当たって破裂し

1957年のミッレミリアにて。フォン・デ・ポルターゴとエド・ネルソンは、不運なフェラーリ335Sに乗りスタートして行った。

たことが原因だった。最もパワフルなマシンなら250km/hに達する直線で、群衆は事故が起こるという恐怖を感じてはいなかった。タルフィは既にフィニッシュラインを越えていたときであったが、この衝突は、デ・ポルターゴとコ・ドライバーのエド・ネルソンを含んで11人もの命を奪う事故となった。ここは、ブレシアでのフィニッシュまで15分もかからない場所であり、ミッレミリアの死の鐘音が響いたときであった。

1957 Mille Miglia

1957

話をポールのレースに戻そう。彼は、ルノーが司令部を置いていたガルダ湖畔に行った。彼は、次の日ローマまでの試走に出発しなければならなかったので、景色を楽しむ暇もなかった。レース、試走、普通の旅行も含めて、ミッレミリアの全行程を走るのは10回目であった。気を抜ける所、緊張しなければならない所、さまざまな危険箇所、給油や食事で停まる場所などの数多く覚えておかねばならないポイントが記憶に刻まれていたのは、ライバルに対して非常に大きなアドバンテージだった。ブレシアへ戻る途中、彼は自分が乗っているドーフィン(845ET75)は、ホイールベアリングが壊れて峡谷で止まってしまい1956年のツール・ド・コルスでリタイアしてしまった車だということを発見した。そんないやな予感は彼の好むものではなかった。彼の3人のチームメイトは、ジャン・ルーカス、モーリス・ミッチーそしてイタリア人のサラだった。今回はほかの大勢のチームと違い、彼らは1人乗りで運転することになった。

フランス人のガルナッシュとセリエは、プライベートでエントリーした非常に速いドーフィンに乗っていた。ポールは1000cc以下のクラスで1番目のスタートだったが、それはハンディキャップになった。はっきりしたチームオーダーというものはなく、4人のドライバーはそれぞれが速く走ればよく、誰であってもルノーがクラス優勝すればよいというものだった。

車は、セブリングのときと同じだったが、プレキシグラス製のウインドウとフロントのトランクの中に設けられた65リッターの補助タンクだけが違っていた。ポールは0時から1時間半遅れでスタートしたが、スタート後225kmのフェラーラでクラッチが滑り始め、だんだんと悪くなっていった。彼は、同じことが1955年にも有名な写真家のルイ・クレマンタスキーを同乗させアストンマーチンに乗っていたときに起きたことを覚えていた。そのとき彼はリタイアしなければならず、自宅まで汽車に乗って帰った。

ポールは、ルノー公団の順位表の最後の位置にいるということを既に見ていた。順位を上げなければさらに恥をかくことになるので、彼はリタイアした方がよかった。彼はリタイアを決めようとしたが、タイムコントロールの場所があるペスカーラでクラッチのリンケージをチェックしてからにした。それは正しい選択だった。彼はクラッチを正しく調整でき、再スタートした。

ルーカス、ミッチーそれにプライベート参加の2台は既に走り去っていた。幸運なことに、オーバーヒートを起こしていたクラッチは、山岳セクションの直前から効き始めた。5速ギヤボックスに感謝すべきだろう、ドーフィンは1台のアバルトと1台のDBをアブルッチ山系で追い抜いた。そして夢のような走りを続け、最初の給油地点のアクイラに着いた。

メカニックは、ほかの3台の世話をやいていたので、ポールは辛抱強く待たねばならなかった。辛抱強いのは彼の長所ではなかった。彼が走り始めたときには、ガルナッシュに5分遅れ、ルーカスには4分遅れだった。ミッチーのドーフィンは道標の石に当たって動けなくなっていた。

ポールは、歯を嚙み締めた。まだ900kmもの行程が残っており、差を詰めるには充分な時間があった。ローマから30kmの地点で、ルーカスは初めてホーンを鳴らしてポールに抜かせた。このフランス人は、ポールが持っているルートに関しての豊富な知識を利用しようとしたのだ。ポールはこのことを知っていたので一休みしなければならなかった。そうしなければ、ルーカスはブレシアにゴールするまでポールのリアバンパーに張り付いていただろう。

1957年のミッレミリアにて。ポールの小さな64番のルノー・ドーフィンは、総合83位と1000cc以下のクラス優勝でチェッカーフラグを受けた。

運はポールの方を向いていた。フランス人は、車の後方から出ている異音をチェックするために止まらなければならなかった。ポールはこの好機にペダルを床まで踏み付けて引き離した。ローマのタイムコントロールの場所にポールが到着したとき、プライベートエントリーしたガルナッシュは、そこを出発しようとしていた。ポールは、このフランス人を追い抜いてスタートのときに2人の間にあった3分半という時間以上引き離さねばならなかった。熱い追撃を100kmも続けた後、彼は踏切で行く手を遮られ、だらだらした75秒もの時間を待たなければならなかった。

　ポールは、痛いタイムロスで幸運の女神から見放されたようだった。彼は、地獄から飛び出したコウモリのようにスタートしたが、プライベートエントリーしたガルナッシュのドーフィンはどこにも見えなかった。彼は、クラスが同じ直接的なライバルである3台のDBのうちの2台を追い越した。フータ峠とラティコーザ峠との間の山岳セクションに着く前の彼の平均速度は115km/hだった。小さなドーフィンはまるで汽車のように走り、2つの峠を走る時間は、マリオーリのポルシェ1500より3分13秒遅いだけだったし、シュトラーレのポルシェより15秒も速かった。

　ボローニャとブレシアの間の最終セクションでガルナッシュのドーフィンを捕まえるすべての希望をなくしてしまった。ところがこのフランス人はヘアピンカーブでコースアウトしてしまい、ポールがそこを通ったときには麦ワラの向うに隠れてしまっていた。その時点で、ポールはガルナッシュを6分先行しており、ルーカスとミッチーは遥か後ろにいた。

　ポールはスタートのときより250rpmも高くまで回り、これまでになく良く走る彼の車に御機嫌だった。この小さなフランス製のマシンは、最終セクションでは150km/h以上に達した。そして、あの悲劇的な事故がやがて起こるグイディッツォーロの平和な田舎道を走った。彼は、既にチェッカーフラグを受けた車としては4番目にブレシアに到着した。彼は自分のクラスで優勝し、フィニッシュ直後にエキュリー・トワソン・ドールからの花のブーケを受け取った。結婚したばかりのジルベルト・ティリオンは、カンヌでレースの結果をイライラしながら待っていた。そして彼女が受け取った電報には、こう書かれていた。「最終的には、あなたがいなかったけれどクラス優勝できました。ポール」

1957年のミレミリッアにて。フェラーリ315Sに乗るピエロ・タルフィとウォルフガング・フォン・トリップス。

1957年のミレミリッアにて。フランス人女性のリズ・レノーとM.ゴルディーニがドライブしたがリタイアしたシトロエンDS19。

1957

ミュルサンヌの直角コーナーで、ルシアン・ビアンキとジョルジュ・アリーが乗るENBのフェラーリ500TRCは、
同じチームのポール・フレールとフレディ・ルセルが乗るNo.16のジャガーDタイプと並走している。No.28のフェラーリは7位で完走した。

1957年ル・マン24時間レース

ポールは、ピエール・スタスが監督を務めるエキップ・ナシオナル・ベルジュ"ENB"に補欠ドライバーとして加入した。そして、彼は各マシンをテストして、チームの若いドライバーにアドバイスを与える役だったが、1人のベルギー人ドライバーの資格問題が起きて、ポールは突然チームリーダーに祭り上げられた!

ポールは自分で乗るマシンを選ぶことが許されたので、ル・マンのサーキットにはあまり合っていないようだったほかの2台のフェラーリや1台のポルシェではなく、ジャガーDタイプを選択した。彼は、ロフティ・イングランドに借りがあると感じていたので、ジャガーでリベンジを果たしたかったのだ。

レースでは、4台のジャガーDタイプ、2台の4.5リッターマセラッティ、4台のワークス・フェラーリそして3台のワークス・アストンマーチンの計13台の有力な参加車のどの車にも優勝する可能性があるように見えた。ポールは上位3位内での完走を目指していたので、1956年にはジャック・スワタースと共に5位に入賞したフレディ・ルセルをチームメイトに選んだ。

彼は、前年のクラッシュから立ち直るために最初のスティントを担当することに決めた。彼は見事なスタートを決めて始まりのステージでの事故を避け、ペースを上げて4分15秒付近で周回を始めた。彼は遅い車の中をスラロームするように進みながら、コース上での優れた運転マナーを持った何人かのドライバーに注目していた。その中に35番のポルシェに乗ったエド・ハガスと、素早くマシンから降りようとしても数秒を失ってしまうだろう巨人のオランダ人カレル・ゴダン・ド・ビューフォートがいた。

回転計を見て、ポールは自分の3.4リッター・ジャガーは、ミュルサンヌのストレートで265km/hまでスピードが出ることを知った。フロックハート(1956年の優勝者)／ビューブ組とグレゴリー／ハミルトン組がドライブする3.8リッターモデルより15km/h低かった。最も速いのは、怪物のような4.5リッターのマセラッティ・クーペで、スターリング・モスの手でドライブされていたが、信頼性に関してはイギリス製の車と同じではなかった。1500ccのポルシェは、ベストのパワー／ウェイトレシオを持ち、最高速は、2リッターのフェラーリ・テスタロッサより高かった。

　ポールは2時間半もレースを続けてからフレディに交代した。既にイタリア製のマシンが何台も大きなタイムロスを出していたが、主な原因はピストンのトラブルによるものだった。5時間後、黄色にグリーンが入ったENBカラーのジャガーは8位に付けていた。フロックハート／ビューブ組のDタイプがレースをリードし、フェラーリに乗るジャンドビアン／トランティニアン組、ブルックス／カニンガム／レイド組のアストンマーチンそして1956年の優勝者サンダーソンのジャガーが続いていた。

　8時間の間に、ベルギー人とフランス人の2人組のフェラーリもピストントラブルの犠牲になりリタイアした。次はアストンマーチンがトラブルに巻き込まれる番だった。ピーターとグラハムのホワイトヘッド異母兄弟がドライブする3.7リッターマシンがエンジントラブルを起こし、6時間後にはリタイアした。4時間後には、サルヴァドリ／レストン組の2.9リッターDBR1が、ギヤボックスを壊してリタイアしたが、ブルックス／カニンガム／レイド組のDBR1はまだ2位を走っていた。

　しかし、2時ころ、交代したばかりのトニー・ブルックスは、テルトル・ルージュのコーナーにオーバースピードで進入したので、彼のアストンマーチンは転覆しそのすぐ後ろを走っていたマリオーリのポルシェに追突された。2台ともこの衝突で酷く損傷したが、ドライバーはわずかな負傷で脱出した。この時点でジャガーは上位4台を占め、フレール／ルセル組は2位だった。

　彼らはこれ程上位を走れるとは期待していなかったが、彼らの順位はレースを上手に戦ってきた結果だった。彼らは、2位を走っていれば優勝を含めたあらゆる可能性を持っていたが、1周差の2台目のエキュリー・エコスのDタイプにその順位を奪われる可能性もあった。ところが、日曜日の7時ころに、ミュルサンヌで信号係をしていたポールの従兄弟のピエール・シンプから彼らのジャガーが止まったと電話があり、希望が打ち砕かれてしまった。ルセルはイグニッションスイッチが壊れたと言った。その年の24時間レースでは、マシンにスペアパーツを積んで走ることを認めていなかったので、彼は有り合わせの修理をしてDタイプを動かせるようにしてピットへと戻り、そこで壊れたパーツを交換したのだ。

Britain Sweeps The Board
(1957)

レース前のエキップ・ナシオナル・ベルジュのジャガーDタイプ。

優勝したジャガーDタイプ、エキュリー・エコスチームがエントリーし、
ロン・フロックハート(ハンドルを握る)とアイヴァー・ビューブがドライブした。

この故障のせいで、16番のジャガーは1時間を無駄にして順位を5位に落とした。ベルギー人の2人組は、最後に1台のフェラーリがトラブルを起こしたので順位を1つ上げたが、上位3台のDタイプは彼らの手が届く位置にはなかった。クロード・ストレズは、壊れたポルシェをミュルサンヌからピットまで約6kmの距離を押してきた。しかし、クランクシャフトが壊れていたので、すべての努力は無駄となった。

　このようにして、ジャガーは7年間で5回目の完璧な勝利を記録した。しかし、コヴェントリー製のジャガーは、そんな圧倒的な覇権を楽に手に入れたのでは決してなかった。それは、量産車の、特にギヤボックスやリヤアクスルなどの多くのパーツを数年にわたって改良し、テストをし続けるというやり方がもたらした成果なのだ。付け加えると、特にエアロダイナミクスに関して、彼らのボディワークはル・マンのために特別にデザインされたものだった。毎年、イタリア人は、新型マシンを繰り出してきて、ときに非常に速かったものの信頼性に欠けていた。というのも、それらのマシンは充分な長い時間をかけてテストされていなかったからである。

優勝は、スコットランド人のロン・フロックハートとイングランド人のアイヴァー・ビューブがドライブしたエキュリー・エコスのジャガーDタイプに輝いた。2人とも2度目のル・マン優勝であった。

1957

1957年のランス12時間レースにて。メジャーな耐久レースで初めて優勝したポール・フレールは非常に誇らしげに見える。

1957年 ランス12時間レース

　1956年シーズンにおけるポールの成績は、ミッレミリアで良い活躍ができたし、ル・マンでは長い間2位を走っていたが、結果4位というかなりの成功を収めた。しかし、メジャーなレースでの優勝は、まだ彼の戦歴には加えられていなかった。前年のランス12時間レースでは、ダンカン・ハミルトンがチームオーダーを無視したせいで、優勝できなかった。そこで、ポールはフェラーリとの取引を始めたのだった。

　1957年のレースは、グランドツーリングカーを対象としていた。そして、フェラーリ250GTが勝利するのは明らかだった。ランス12時間レースで、ポールは、スクーデリア・フェラーリのワークスドライバーで同郷人のオリヴィエ・ジャンドビアンに、もしエンツォ・フェラーリが同意するなら同じ車に乗りたいのだが、と頼んだ。それをジャンドビアンは実現してくれたのだ。唯一の問題は、このシャンパーニュ地方で行われる伝統のレースには、同じような仕様の車がほかに6台もエントリーしていることだった。

　とにかく、ベルギー人の2人組は、ほかの車のドライバーの組み合わせが悪いので本当の脅威にはならないと分かった。彼らが臨んだレース本番では、雨が降り始めて濡れた路面で夜にスタートするという実にいやな状況となり、プラクティスでの結果はきちんと予測する助けにならなかった。2台のメルセデス・ベンツ300SLもエントリーしていたが、最高速は245km/hで、フェラーリは260km/hも出た。それは、GTカーのレースとしては初めての大きなイベント、レギュレーションはまだかなり曖昧なところがあった。ル・マンに参戦したのとまったく同じ3台のロータスのマシンがエントリーしていたが、外観は規則の主旨にまったく合っていなかった。

アルファロメオ・チームは抗議をしたが無駄であった。サーキットの競技長であるレイモン・ロッシュが、この小さなイギリス製のマシンに恩恵を施すことにしたからだ。スタートは土曜日の0時だったが、20時までには、ル・マン式のレーシングスタートをするためにピットの前にマシンが並べられた。22時、突然2台のロータスは(1台はプラクティスで壊れてしまっていた)ピットの裏へ姿を消した。レースの主催者はレギュレーションの中のスタートに関する条項を見つけ出した。「車は、18時00分より前にサーキットに到着していなければならない」。しかしロータスが到着したのは、20時00分だった。コーリン・チャップマンが、そのとき何を言ったのかは記録されていないが名誉は守られた。そしてアルファロメオの関係者は非常にハッピーだった。

ジャンドビアンは、初めてレースを観戦するという若妻が見守る前でスタートを担当した。普通であれば、このベルギー人はすぐにトップを奪うのだが、このときは違っていた。エンジンが吹け上がらなかったのである。レースの序盤は、アメリカ人のフィル・ヒルがレースをリードした。ジャンドビアンが調子を取り戻したとき、非常に速いヒルから40秒も遅れていた。1時間後にポールに交代するときまでにジャンドビアンは差を詰めていた。ポールはヒルのチームメイト、ウォルフガング・ザイデルを追い抜き、その後、2人のベルギー人は、二度と1位の座を譲ることはなかった。彼らは、平均167km/hで優勝し、GTカーの新しいラップレコード185km/hを記録した。

このレースで最も注目を浴びたフェラーリは、イタリア人のルリオとフランス人のピカールが組んで走った1台だった。ピカールが2位で走っていたときに、ピット前を235km/hで走行中石がウインドスクリーンを粉砕してしまった。プレキシグラスを使った間に合わせの修理はかなり時間を食った。そして、それはピットの後の超高速カーブで再び壊れてしまった。このとき、フェラーリはコースアウトして草地に突っ込んで何百メートルにもわたってスピンしたが、奇跡的に何にも衝突せず横転もしなかった。フランソワ・ピカールはレースに復帰し4位でレースを終えた。

フェラーリに乗ったポールとオリヴィエは、もし彼らのライバルが速く走るならもっと速く走ることも可能であったが、一貫して安定したペースで走る戦略をとることにした。彼らは、12時間で左後輪を1つだけ交換し、100km当たり26Lという低い燃費で抑え、高い平均速度を保つことができた。数台のポルシェ・カレラ1500も同じように時計のような周回を続け、ストレズ／ボニエ組がフェラーリ軍団の直後で完走した。

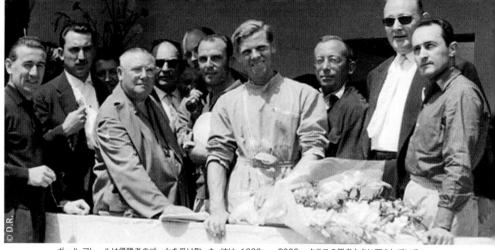

ポール・フレールは優勝者のブーケを受け取った。彼は、1600cc〜2000ccクラスの勝者たちに囲まれている。フランス人のジョルジュとシャヴィー(アルファロメオ)そしてジョー・シュレッサー(左から2人目)。

ランス12時間レースにて。イタリア人のルリオとフランス人のピカールがドライブする美しいフェラーリ250GTザガート。下の写真では、ウインドスクリーンの間に合わせの修理が見える。

1958

1958年モンテカルロ・ラリー

　ポールは、ラリーに関して、その評判が高くてもあまり評価していなかった。サーキットでのレースこそが彼の情熱を注ぐものだった。彼自身の個人的な理論によれば、メジャーなラリーでの多くのステージでは、ドライビングという視点からすれば、ほとんど興味あるべきものではなかったが、スペシャルステージだけは本当のチャレンジだといえた。さらに、交通量が増加しどんどんと夜間ステージが増えてきたが、彼は暗い場所での視力があまり良くなかったと自分で認めていた。最終的に彼は、安全に関しての状況では、サーキットの方がより良いと理解していた。なぜなら、ラリーでは余りにも長い距離を走らなければならないからだった。

　何はともあれ、モータースポーツをも含む幅広い好奇心もあったが、1957年から58年にかけての冬にベルギーのボルクヴァルトの輸入代理店が準備したボルクヴァルト・イサベラを運転しないかとピエール・スタスから話があったとき、ポールは、「ノー」と言えなかった。スタスは、ル・スポールという新聞の編集長であり、生まれながらのスポーツマンで優れたオーガナイザーだった。そのスタスが、ポールのナビゲーターとコ・ドライバーを務めるというのだ。

　モンテカルロに到着するのに、ギリシャとユーゴスラビアを通過することになるアテネをスタート地点として彼は選んだ。とりわけ難しい通過ルートだけに、センセーショナルな記事と写真を物にできる素晴らしい可能性があると考えたからである。当時、モンテカルロ・ラリーは、リエージュ・ローマ・リエージュ・ラリーと共に、世界的に最も有名なラリーだった。

　このイベントのメインとなるのは、モンテカルロとニースの後背地となる山岳部でのステージだが、それに先立って、すべてのチームがヨーロッパの四隅からモンテカルロに向って集まるコンセントレーションランが行われる。最初のパートは、スタートする都市によりハンディキャップを付けるシステムのレギュラリティランと呼ばれる。イベントのセカンドレグは、主に山岳路で行われる1055kmにもわたるスピードセクションである。ラリーがスタートしてみると、パリをスタートしたエントラントたちは、最も酷い困難に立ち向かうことになったが、アテネを出発したエントラントたちは、ポールとピエールのようにモンテカルロまでペナルティなしで到着した。

　ボルクヴァルト・イサベラTSは最も速い量産車であったし、4座席を備えていたので、2人のベルギー人はルシアン・ビアンキというすべてに万能な男を3人目として連れて行くことができた。彼は優れたドライバーであり、ナイスガイで、メカニックの息子として生れ仕事の技術を学んだ人物だったので、連れて行くには最適な人間だった。ルシアンは手を汚すことが好きだったし、車の下に潜り込むことも喜んでやった。

　3人のベルギー人は、アテネからスタートする4週間前に、モンテカルロを回る1055kmのルートの偵察を行った。彼らはタイムを記録し、ルート上で遭遇する困難な事象を書き込み、レッキを終えるころには、車に施す改良や、やらなければならない人の短いリストを書き上げた。特に2つめのラリーメーターは設定された平均速度を上回っているか遅れているかという簡単な情報を出してくれた。

　彼らはアテネに向けて出発しユーゴスラビアを横断した。旅は舗装路で始まったが南部になると砂利道となり、水害に襲われた後だったので窪みだらけの道となった。最も困難な部分はヴラニエ近くで、長く深い川を渡らなければならないことだ。最初の流れを渡り切ったが、次の流れは水かさが増していて渡るのは不可能だった。2時間もかけて議論した結果、彼らはトラックの荷台に車をつり上げた。そのトラックは、湖のようになってしまった浅瀬を渡るのに充分な最低地上高を持っていた。夜に渡ったときの光景は壮観だった。

　彼らは、ギリシャ国境を夜に通過したが、余りにも多くのギリシャ通貨ドラクマを所持していたので税関で問題となった。最終的にアテネに到着するとボルクヴァルドの輸入代理店が彼らの面倒を見てくれた。車を洗車して磨き上げてくれ、そして、現地のベルギー人協会が3人のドライバーに楽しい時間を過ごさせてくれた。

Rally Monte Carlo 1958

4日後の1月21日21時に、ギリシャの首都からモンテカルロを目指す10台の参加車両のスタートとなった。ポールの車は、ベルギー人協会の人から贈られた品で一杯になっていた。天候は申し分なく、ユーゴスラビアでの洪水は水位が下がったと聞かされた。国境を通過するとき、税関の職員は、道路の横のプールの水の中を通過するように命じた。この職員は消毒という言葉を使った。通過する者は足を消毒液の入った水の中に入れてギリシャの病原菌を持ち込ませないためだった。

その夜一泊したマケドニアのホテルでは、ルシアン・ビアンキが、電動ひげ剃り器を出してセンセーションを引き起こした。すぐに周りの人や数人の宿泊客は、この西側のテクノロジーの驚くべき利器を賞賛したのである。

アテネを出発してからベオグラードに着くまでは、1台のジャガーが衝突によりボディを壊してしまった以外は問題なかった。気温は零下になり、道路は氷で覆われた。彼らは、ザグレブとスロヴェニアのリュブリアナを減点なしで通過し、もう既に、イタリアが手招きしているようだった。ポールは、トリエステのホテルに待っているベッドルームとシャワーにありつくためにペダルを踏んだ。

1957年のモンテカルロ・ラリー中の、ポール・フレールとピエール・スタスが乗るボルクヴァルト・イサベラTS。

とにかく、道路はまだ凍結しており、ヒヤヒヤしながらの旅であった。税関は道路の曲り角に隠れており、標識も無かった。検問の柵は閉ざされており、ポールはとっさにブレーキをかけホーンをけたたましく鳴らした。柵に突っ込んでウィンドスクリーンを壊してしまうかと思われたが、税関の職員は、突然柵を上げて何とか車がドを通過できるようにした。それでも1台のパナールは運悪く柵に接触してしまった。

ボルクヴァルトは、トリエステにある代理店で手短な整備を受けてから、パドアそしてブレシアを目指した。彼らは、その地方に住む友人宅で美味しいスパゲッティを食べてからトリノの郊外にあるモンカリエリのチェックポイントまで走った。ルシアンは、イタリア人の友人の1人に市内を通り抜けるガイドをしてくれるように頼んだので、国境のモンジュネーヴルのチェックポイントには一番に到着した。峠は雪に覆われていたがトラブルで止まることもなく、ラリーの参加車が再び集合して休息を取るガップへ最初に到着した。気温は11℃で、サントーバンまでのドライブは、すべての人々にとって非常に困難なものだった。陽光にあふれ、友人の輪が醸し出す暖かさに包まれたモナコ公国に到着したときは、まだ寒かったがすぐに熱い雰囲気に変わった。

ヨーロッパの四隅から出発したほかの参加者、中でも特にグラスゴーとパリからの参加車が、とんでもない災難にあってきたことを、ポールたちは、集合地点に来るまで知らなかった。ボルクヴァルトを含む7台だけが減点されていなかった。スペシャルステージでは、集合区間での6倍もの減点が到着までに早くても遅くても1分当たりに加算されるので、一瞬の判断ミスで総合順位が変わってくる可能性があった。

サン・ジャン・ラ・リヴィエールのチェックポイントの数km手前、ソード・ド・フランセーズと呼ばれる場所に到着したときには、ベルギーチームは楽観主義に支配されていた。ポールはまだ少し凍ったコーナーに速過ぎる速度で入ってしまい、渓谷に落下するのを避けるために道路下の草地に突っ込むしかなかった。何も壊れていなかったが、自分たちの力だけでは再スタートできなかった。幸いなことに数人の地元住民がやって来てくれて道路に戻るのを手伝ってくれた。彼らは15分の時間をロスしてスタートした。彼らの優勝する望みは消えてしまったのは事実だったが、ピエール・スタスはポールを鼓舞し続けた。

3人のベルギー人は、このラリーで1～3位の成績で完走することになる3台の車と一緒に数kmを走った。優勝したドーフィンを運転するフランス人のモンレス／フェレ組、ジュリエッタに乗ったイタリア人のガコン／ボルサ組、最後は凍った道路には慣れたノルウェー人のヨハンセン／コッペルッド組だった。彼らは、トレッドの上に少し突き出ているだけだが、ドライコンディションでも車の操縦性を変えることがないヴァリアント製のスタッドを打ち込んだタイヤに大いに助けられた。ボルクヴァルトが履いたエ

ンゲルベール製のスノータイヤは、長いスタッドを持っていて、ドライな路面では車の操縦性を悪化させた。

ラリーは故障もなく終了したが、ドライバー達はその前から蓄積した疲労で苦しみ始めた。それもモンテの体験の一部であった。子供のときから強く魅了されていた冒険の精神を持ったラリーに参加できてポールは嬉しく感じていた。

1958年スパ・グランプリでの悲劇

ポールは、オリヴィエ・ジャンドビアンと一緒に優勝したランス12時間レースで自分のレーシングドライバーとしてのキャリアは終わったと信じていた。しかし、そんなことはフランコルシャンの疲れを知らないレースオーガナイザーのレオン・スヴェンにとっては意に介さないことだった。彼は、アストンマーチンを説得して300馬力を発生する3.9リッターエンジンを持った2台のDBR2をエントリーさせた。それは、ローラーコースターのようなスパのサーキットに適していた。ブルックスとサルヴァドリは、モナコ・グランプリに出場することになっていたので、ポールはその代役として招聘された。アストンマーチンのチームマネージャーとなっていたレグ・パーネルは次のような電報を受け取った。「引退したレーサーは、喜んでスパでアストンマーチンをドライブします。署名ポール・フレール」

優勝したルノー・ドーフィンに乗るフランス人のモンレスとフェレ。

このようにして、5月15日の晩、ポールは、スタヴロのルコックガレージでチームのメカニックとNo.1のアストンマーチンDBR2のシート合わせを行った。No.2をドライブするのは、1954年のル・マン24時間レースでチームメイトとなった旧友のキャロル・シェルビーであった。アストンマーチンに対する最も有力な対抗馬は、3.8リッターのジャガーエンジンを積んだ5台のリスター・ジャガーで、マステン・グレゴリーやアーチー・スコット=ブラウンがドライブした。もう1台の有力な対抗馬は、1955年と57年のル・マン優勝者のアイヴァー・ビューブが乗るジャガーDタイプだった。オリヴィエ・ジャンドビアンがドライブする新型の3リッターフェラーリは未知数であり、プラクティスのときにテスト不足だと判明した。

ポールは、第1回目の予選で4分21.5秒の最速タイムを出したが、スパを初めて走るアーチー・スコット=ブラウンはたった2秒遅いだけだった。このイギリス人ドライバーは特別な例だった。彼の右手はなく、彼の両足は異常に短かったので、ペダルボックスの位置を特別に補正しなければならなかった。彼はイギリスのサーキットでモスやブルックス、コリンズを打ち倒してきたので、非常に速いドライバーだということに疑いはなかった。彼を受け入れるリスクを取る大陸のレースオーガナイザーはいなかった。ベルギーの保険会社は、彼を受け入れるのに非常に慎重になり、このイギリス人ドライバーのエントリーを保証するのに大幅な割り増し料金を要求した。アーチーは、その週末に輝く結果を残そうと強く決心した。

次の日、ポールは4分19.4秒(平均195.8km/h)で回った。スコット=ブラウンの最速ラップは4分13.7秒であったが、刮目して見るべき男は、マステン・グレゴリーだっ

スタート数分前のアーチー・スコット=ブラウン。彼は、ヨーロッパ大陸で初めて受け入れられたハンディキャップを持ったドライバーだった。

た。この眼鏡をかけたアメリカ人は、驚異的な4分10.3秒(平均202.8km/h)を出した。リスターはほかのライバルたちより抜きん出て速かった。DBR2はパワフルなエンジンを持っていたが、DB4のような量産市販車のために設計されたエンジンは設計の古さを露呈していた。DBR1のエンジンは、排気量を3リッターに制限した新しい世界選手権の規則に則して造られ、アストンマーチンの総合的な性能を改善することになった。

ポールは、彼の車のシャシーが最新式に改良されていないのにも少しがっかりした。その年はレースをほとんどしていなかったので、肉体的なコンディションが最高ではなく、それが速さを少し弱めていることを彼も認めていた。さらに彼は、スタヴロとフランコルシャンの間の改修されたコース、特にレ・キャリエールからブランシモンの間には慣れていなかった。端的に言って、1952年以来初めてのことだったが、グリッド上の彼の順位から推測すると、スパでのこのレースに優勝するには奇跡が必要だった。

レオン・スヴェンが旗を振り下ろしたときには小雨が降っていた。キャロル・シェルビーは、第2列目から抜け出しレースをリードしてレデイヨンへとさしかかった。丘の上で、ポールはこのアメリカ人を抜いた。しかし、リスター・ジャガーは、アストンマーチンより軽量でロードホールディングも良くスタヴロの前で優位を取り戻した。

ポールはレースが始まる前に予想した通りになったとはっきり自覚した。彼はリスターを捕らえることはできなかったし、彼ができるのは追って来るマシンから抜かれないようにすることだけだった。サーキットのある部分はウェットだが、ほかの部分はドライという典型的なフランコルシャンの天候であった。だからドライバーは、セーフティマージンを持って走らなければならなかったが、レースをリードするグレゴリーとスコット＝ブラウンは、ほかのマシンを離してしまい丁々発止と順位を入れ替え観客を湧かせ、とんでもない事故が起こりそうな雰囲気が感じられるようになった。

そして、その事故が起こるまで時間はかからなかった。6周か7周後、雨は激しく降り始め、クラブハウス・コーナー(1939年のベルギー・グランプリでメルセデスベンツに乗ったイギリス人ドライバーが死亡してからシーマン・コーナーとも呼ばれていた)は、スタート時はドライの状態だったが、このときは少し濡れた状態となってきた。ポールがそのコーナーに差しかかったとき、ラ・スルス・ヘアピンから非常に大きな煙が立ちのぼっているのが見えた。そのマシンは松明のように燃え上がっていたが、ポールはそれがどのマシンなのかを識別することができなかった。

その瞬間、ポールは深い悲しみの感情が湧き上がって来るのを感じた。ドライバーを知らない観客とは違い、ドライバーは狭い仲間同士の世界にいた。ドライバーはお互いを尊敬し合い、レースが終わればライバル同士の関係も忘れられるものだった。ポールは、すぐにそれがレースをリードしていた2台のうちの1台だと悟った。ポールは、前夜アストンマーチンからポールポジションを奪って非常に喜んでおどけていたグレゴリーのことを、スタート直前にジョークを言い合ったスコット＝ブラウンを思い出していた。

1958年のスパ・グランプリで、スコット＝ブラウンとマステン・グレゴリーは、オープニングラップで追いつ追われつのレースを繰り広げた。

ラ・スルスにいたポールの誠実な従兄弟にしてタイムキーパーを務めていたピエール・シンプが、ポールに親指を下げてスコット＝ブラウンの名前を示し、このイギリス人が死亡したというサインを送った。アーチーは燃えるマシンの中から生きて引き出されたので、それは少し早計だったが、彼は2日後に非常に苦しみながら死亡した。

ポールは、マステン・グレゴリーのリスター・ジャガーに次ぐ2位でレースを終えた。アメリカ人のグレゴリーは、表彰台の上では一切の喜びを見せなかった。ベルギー人のポールは、事故はアーチーのハンディキャップには何の関係もないという意見だった。アーチーは、その前の3年間事故を起こさずにイギリスで多くのレースで、前述したように有名ドライバーを破って優勝してランクアップを果たした。冬の間、南半球のオーストラリアやニュージーランドで素晴らしいキャンペーンを行ったばかりだった。

1958年のスパ・グランプリにて。キャロル・シェルビーは、燃え上がるアーチー・スコット＝ブラウンのリスターの残骸の横を通り過ぎている。

以下は、ポールが事故に関して述べたことである。

「この事故は、イギリスの大半のサーキットは、ヨーロッパ大陸のサーキットと違って草地で囲まれた元飛行場の地面にレイアウトされているので、ドライバーは本当の危険を感じずに接近戦を演じることができるという、ヨーロッパとの大きな違いを浮き彫りにした。一方、特に平均速度が200km/hをしばしば超えるフランコルシャンのようなロードサーキットでは、コースを飛び出すことは死亡事故につながるので小さなミスも許されない。リスターに乗るドライバーはそれを忘れていたのだろう。ファンジオのようなドライバーは危険を嗅ぎ取る術を知り、それに基づいて行動を取ることができていた。彼は、早期に始まるバトルに引き込まれるのを避けて、事態が治まるまで少し引くことで、しばしば大惨事を免れた。1957年のモナコ・グランプリでの3周目に起きたモス、コリンズ、そしてホーソンが巻き込まれた多重事故の例でも、ファンジオは少し後に引いていたので逃れることができた。可能な限りいつでも危険を抑えるように努力するべきなのだ。

それが、金曜日のプラクティスの後の夜に、スコット＝ブラウンが事故を起こしたコーナーの出口に地方自治体により設置されたサインポストに代表される危険を私がレオン・スヴェンに指摘した理由なのだ。スヴェンは私に、次の日にはサインポストを撤去すると請け合ってくれたのだが！ 事故後の検証では、アーチーは、サインポストにぶつかって右側のホイールがちぎれてコントロールできなくなったのだが、そうでなければ草地の縁を数十m滑る間にコントロールを取り戻すことができたかもしない。」

1958年ニュルブルクリンク1000kmレース

ポールは、1953年のル・マン24時間レース以来、ポルシェのワークスマシンをドライブしていなかった。そのとき以来、毎年、このドイツ製のマシンはほかの大多数のライバルを悩ませてきた。ポルシェのマシンが持つ信頼性と非常に優れたハンドリングに感謝するべきだろう。1958年のブエノスアイレス1000kmレースでは、550Aに乗るモス／ベーラ組が2台のワークス・フェラーリの前で2位完走したような、いくつかの素晴らしい成果をあげていた。

ベルギー人のポールは、いつもポルシェファクトリーとの素晴らしい関係を楽しんでいたし、自分の移動の足として、356の1600スーパーを1台購入していた。ある日、シュツットガルトを訪問したとき、彼はフェリー・ポルシェにル・マン24時間レースでポルシェチームに自分のシートを得られないかと頼んだ。数週間後、彼は、ポルシェファクトリーの競技部門のマネージャーを務めるフシュケ・フォン・ハンシュタインから手紙を受け取った。サルトで行われる伝統のル・マン24時間とニュルブルクリンク1000kmレースにもチームのシートを確約する内容だった。

公式なワークスチームは、ジャン・ベーラ／エドガー・バルト組、ハリー・シェル／ポール・フレール組そしてスカルラッティ／フォン・フランケンベルグ組が新車の1500ccの550RSK(レンシュポルトとKはフロントサスペンションの形状を意味する)3台をドライブすることになった。ファクトリーチームは、ほかに2台のプライベートエントリーした1957年型RSのサポートをしていた。2回目の公式プラクティスのときにスカルフィオッティはフォッホスローエのセクションでコースアウトした。彼のマシンは180km/hでコースを飛び出して土手で跳ね返され、両側の土手に当って壊れた。幸運なことにドライバーは、この事故で軽傷を負っただけで救助された。その結果、プライベート参加していたカレル・ゴディン・ド・ビューフォートと彼のRSは、ファクトリーチームに呼ばれて組み込まれ、相方をなくしたフォン・フランケンベルグは、この大柄なオランダ人と組むように言われた。

この年、ボルクヴァルト・チームが、ヒルクライム選手権ではポルシェの主なライバルだった。この会社はサーキットでも輝かしい成果を上げることを決心して、550RSKよりも重かったが、もっとパワーを持った3台のマシンをエントリーしていた。このチームの先頭に立っていたのが、2人の優れたドライバー、ハンス・ヘ

フシュケ・フォン・ハンシュタインの見守るなか、ポールがポルシェRSK1500スパイダーから降りている。

ルマンとジョー・ボニエだった。

10分の壁を破ったのは、ポールが乗る予定のマシンでリンクを走って9分54秒を出したジャン・ベーラだけではなかった。その年許されていた最大の排気量の3リッターエンジンを積んだアストンマーチンDBR1に乗るスターリング・モスは、9分43秒を出した。このタイムは、これに匹敵するタイムをコリンズが出せなかったフェラーリ陣営に衝撃を与えた。ベーラは、自分用のマシンが正しく仕上がっていなかったのを見つけていた。これに乗ったポールのベストタイムは10分17秒で、彼のチームメイトのハリー・シェルはこれよりいくらか遅かった。その後、彼らの乗ったマシンがなぜ遅かったのか判明した。その前に行われたヒルクライムのときの事故でシャシーがねじれていたのだ。フランス人のジャン・ベーラは、ポルシェ陣営でナンバー1ドライバーの地位を楽しんだ。彼は、スタートに使うマシンを選ぶことができたのであった。

01/06/1958 nurburgring 1000 Km Stirling Moss/ Jack Brabham Aston Martin DBR1 win

フェラーリチームが恐れていたことが完全に現実のものとなった。4台のマシンのどれもが、ジャック・ブラバムとステアリングを分かち合ったモスの熱い走りのペースについて行けなかったのだ。実際、44周のレースで、モスはオーストラリア人のブラバムにたった6周しかハンドルを渡さなかった。フェラーリ勢に混ざって4位を走っていたもう1台のDBR1に乗っていたトニー・ブルックスは、ツーリングカーに行く手をさえぎられてコースを飛び出し、溝にはまってしまった。こういったことは速いマシンと遅いマシンが混ざった状態で走るならば永遠に続く問題であろう。その上、ニュルブルクリンクの北コースでは多くのコーナーがブラインドコーナーになっていて、ドライバーはその先が次のコーナーまでどんな曲がり方をしているのかまったく分からなかった。

ポルシェとボルクヴァルトの間に期待されていた戦いは、最初の周でヘルマンがマシンのドライブシャフトを壊してしまったことで予想がつかなくなった。ヘルマンはチームメイトのマシンを召し上げて走ったが、続けて2台とも故障に苦しんだ。ベーラは素晴らしいスタートを切って総合3位で走った。エドガー・バルトは、ベーラからマシンを引き継ぎ首位を走っていたときにバルブスプリングが折れてリタイアするまで良い仕事をした。

ポールとハリー・シェルは、非常に悪い操縦性のマシンに乗って7位でチェッカーフラッグを受けた。このレースは、フェラーリに乗っていて、レース終了後の名誉の1周を走っているときにコースアウトしたアーウィン・バウアーの死亡事故で台なしになってしまった。当時のレギュレーションでは、ドライバーは彼らの属するカテゴリーの優勝者が、フィニッシュラインを越えるまでレースを続けることを要求していた。ドイツ人達は、そのようにレースを運営し、モスは既にレースを終えていたのだが、彼の視界からはチェッカーフラッグが隠れて見えていなかったので、エスバッハの下りのセクションでブレーキが遅れ、谷に落ちてレースを終えた。言うまでもなく、ADACは教訓を学び、その後、総合の優勝車がフィニッシュラインを越えた時点で、すべてのマシンを止めるように決定した。

1958年 ル・マン24時間レース

ポルシェは、ル・マン24時間レースのために2台の新しいスパイダーモデルを製作した。1600ccエンジンを備えた新型は、旧型と比べて小さな垂直フィンの形状が少し異なっている程度の違いしかなかった。この2台は、ベーラ/ヘルマン組とフォン・フランケンベルグ/シュトルツ組に委ねられ、エドガー・バルトとポールは、1500ccのポルシェで組むことになった。1500ccのポルシェを所有するゴディン・ド・ビューフォートのチームメイトは、ポルシェのテストドライバーの

1958年のル・マン24時間レースのピットにて。フレール/バルト組のNo.31のポルシェ718 RSK 1500。

ヘルベルト・リンゲだった。ゴディンはすべてのワークスドライバーより速いタイムで周回して見せたので、ワークスチームに大きな驚きを与えた。この結果、彼のマシンは1500cc以下のクラスでの優勝候補の1台になったのだ。

翌年のラリー・ド・ルート・デュ・ノールの中のランス・サーキットでの競技で死亡したフランス人のクロード・ストレズも、雨の中のプラクティスで同国人のジャン・ベーラのタイムに、たった1秒遅れの素晴らしいパフォーマンスを見せてくれた。とにかく、ポルシェの最も手強いライバルは、非常に速い2リッターのロータスに乗ったチェンバレン/アイルランド組だった。スポーツカーの最大排気量が3リッターに制限されたので、小排気量のポルシェも総合順位で上位を狙えるような可能性が見えてきた。

ド・ビューフォートは、スタートでタイムをロスしたが、問題なく盛り返した。彼は、グランドスタンド前でポールを抜いて行った。「プライベートのマシンが、ファクトリーがエントリーしたマシンより速く走るのは変じゃないか?」と誰かがフォン・ハンシュタインに指摘すると、彼は「プライベートの顧客に良いことは続くもんじゃないよ!」と切り返した。

1958

ロータスの脅威は、バルブの問題が起きたときに早々と消え去ってしまった。グラハム・ヒルとクリス・アリソンが乗った2リッターバージョンもピストンの1個を吹き抜いて止まった。「ル・マンで勝てるかどうかテストしただけさ!」という決まり文句で終わった。

アストンマーチンに乗ったモスは、ピーター・コリンズのフェラーリから野うさぎのように逃げていた。30周後にモスはミュルサンヌでリタイアしたが、それまでに3台のフェラーリがペースを乱されて脱落していた。ポールがバルトからマシンを引き継ごうとしたとき、空からサーキットを洪水にするような雨が降ってきた。ピットの前では、各マシンは100km/h以上は出せないような状態だった。

1956年の雨の中のニュルブルクリンクとル・マンでの事故の後だったので、ポールは慎重にスタートして徐々に速度を上げていった。この戦略は成功し、彼はすぐにプライベートのポルシェに乗ったリンゲを抜いて、クラスでの首位に立った。雨はさらに勢いを増し、ジャガーに乗ったハミルトンは180km/hでポールを抜いたが何も見えなかった。屋根の無いスパイダーボディのポルシェをドライブするポールは、冷たい雨でびしょぬれになって骨まで凍えたので、3時間のスティントで競争できるかどうか自問し始めた。

コース上は、マシンの残骸が散らばってきた。そんな中で、ウィリー・メレスが乗るエキュリー・フランコルシャンのフェラーリがミュルサンヌの直後にリタイアした。それは、レースで素晴らしいスタートを決めた後、良い順位まで上げて彼に引き継いだばかりのルシアン・ビアンキを非常に落胆させた。フォン・フランケンベルグのポルシェは、ブレーキが遅れたほかのマシンに追突されて、その弾みでテルトル・ルージュのフェンスに衝突して止まった。

真夜中に起きた酷い事故は、このイベントに暗い影を落とした。"マリー"というペンネームで知られていたフランス人の作家、ジャン=ルイ・ブラッサンの乗ったDタイプが、ダンロップカーブのびしょ濡れの路面でコースアウトし、そこにダン・ガーニーのチームメイトだったブルース・ケッセルがドライブするN.A.R.T.のフェラーリ250TRが突っ込んだ。Dタイプは炎上して悪夢のような惨状となり、不運なブラッサンはこの衝突で死亡した。

ポールはミュルサンヌのサインポストでチームメイトのエドガー・バルトに引き継ぐようにという指示を見て非常に気が楽になった。彼は骨まで凍えた状態で、乾いた服に着替え、何かを食べてシェル・パビリオンに用意された彼のベッドに入った。2台のフェラーリがレースをリードしていた。ジャンドビアン／ヒル組がフォン・トリップス／ザイデル組の前を走っており、1台だけになったハミルトン／ビューブ組のジャガーDタイプが3位でまだ走り続けていた。ブルックス／トランティニアン組のアストンマーチンが続き、ベーラ／ヘルマン組の1600ccポルシェが5位で、バルト／フレール組は7位でビューフォート／リンゲ組の前に居た。

ポールは、日曜日の1時ちょっと前にマシンに戻った。コースは夜明けまで濡れた状態だった。このとき、彼は暖かい服を着ていたが予備はなかった。レースはまだ半分も過ぎていなかった。彼の妻ニネットは友達と一緒にル・マンの町へ出かけ、まだ眠っていた商店のドアベルを次々と鳴らして、店番が彼女に北極でも汗が出そうな暖かいアノラックを売ってくれる店を見つけるまで続けた。彼女は適切な行動をとった。ポールは彼のスティントを終えるころには再び凍えていたのだ。

ポールは新しいアノラックを着て、バルトから7時にマシンを引き継ぎ、ホワイトヘッド兄弟のアストンマーチンと接近戦を繰り広げた。そのマシンは、ポールが1955年に2位で完走したものだった。この戦いは、イギリス組のDB3Sが給油に入るまで続いた。視界はまだ酷い状態だった。オイルと水が混ざったものがドライバーのバイザーに付着して曇らせた。ハミルトンのジャガーはこの餌食になった。土砂降りの雨の中で小さなマシンを見ることができずにクラッシュしてポルシェを4位に上げた。

フォン・ハンシュタインは、フランス人のベーラとベルギー人のフレールに提案をした。No.29を3位でフィニッシュさせるためにデッドヒートを避けるというものだった。ポールとベーラはそれを受け入れた。というのも彼らのマシンは共にブレーキトラブルを抱えていて、スクラップになるリスクを取るわけにはいかなかったのだ。2台のマシンは並んだが、すぐにポールはスタートするように命ぜられた。No.29がピットで止まっているときに、ポールはそれを追い越したが、彼は命令を尊重してスローダウンした。

24h Le Mans 1958

1958年のル・マン24時間レースは、ボールがドライブした中でも最も過酷なレースだった。実に酷い天候、死亡事故、そして、トップ3に届かない4位での完走だった。

© Washington Photo

1958

オリヴィエ・ジャンドビアンは、優勝の歓声に送られながらポールを追い越して行った。最終的に、ベーラは追いついてきて2台のマシンはフィニッシュラインを同時に越えた。それは、ポールにとって悪い週末となった。というのは、ミュルサンヌに置いていたピットでつけていた順位表が間違っていて、ポールたちは1周遅れていたのだ。いつもの楽観的なベルギー人気質で、彼はポルシェが優れた性能で3位、4位、5位を得たことを喜んだ。フェラーリは、ル・マンにおけるジャガーの圧倒的な支配(7年間で5回の優勝)を打ち破った。そして、ここサルテの地でのジャンドビアンの4度の優勝の第1回目であった。ポールは雨に対する恐怖心を克服できた。こんな状況で彼のベストの結果を得たのであった。

© Bernard Cahier

1958年ランス12時間レース

1957年と同じように、このレースは、グランドツーリングカーのためのものだった。ジャンドビアンは、1958年に参加したすべてのイベントで優勝していたので、観衆の眼は、彼がこのカテゴリーでのワールドチャンピオンになるのではないかということに関心が向けられていた。オリヴィエから再びフェラーリ250GTで一緒にレースに参加しないかと誘われてポールは嬉しかった。この時点で、2人のベルギー人達は、同じ車に乗るフィル・ヒルとダン・ガーニーという手ごわいライバルと競っていた。ポールは、ミュイゾンのカーブの前で起きたアクアプレーニングで大きな恐怖を感じたが、なんとかマシンをコントロールできた。彼とオリヴィエは、ミュイゾンとティヨワの2つのヘアピンカーブではブレーキを慎重に使わなければ破滅的な事故を起こすだろうということを知った。

美しい星が降るような夜空の下、真夜中のスタートでジャンドビアンは前年と同じような失敗をしたが、数周以内に彼は最も危険なライバルを追い越してリードを広げた。2時ごろ、ポールは最初のスティントを担当した。彼らが心配したのはダイナモが発電しないことによるバッテリーの問題だけだった。その年はバッテリーの交換が許されていたが、それはともかく、2人のドライバーは、時計の針が4時を指して、ライトを消すことができるようになったのでとてもハッピーな気分になった。

9時ごろ、バッテリーが再びダメになり、ポールはもう一度交換したが、メレス／ブーリス(アルドー)組を2周先行していた。彼が運転している最中に250km/hでウインドスクリーンにヒビが入った。彼にはスクリーンにパンチを入れるしか選択の余地がなかったので、数百ものガラスの破片が彼をめがけて降りかかった。彼はピットインして破片を掃除し、リアウインドウのガラスを外さなければならなかった。

この出来事で、メレスは同一ラップとなったが、逆転するには遅過ぎた。なぜなら彼もリヤアクスルのトラブルに見舞われて最終ラップまで走るには速度を落とすしかなかったのだが、それでもなお2位につけていた。ポールとオリヴィエにとって、1957年に続いて素晴らしい2連勝となった。

アフリカのブカヴとレオポルドヴィルでのレース

ポールの1958年シーズンは、普通ではない終わり方だった。彼は郵便物の山の中から忘れていた手紙を発見した。それは、ベルギー領コンゴ、ルワンダ、それにブルンジの自動車クラブであるKivu自動車クラブの会長、ジャン・ワテーレからの手紙で、毎年行われるKivuラリーに参加しないかという招待状だった。現地のポルシェの輸入元のソコモーターが、1台の1600ccのポルシェ356をブカヴに運んで彼を待っているというのだ。それには、ポルシェのファクトリーも興味を引かれて、特別な仕様のサンプのハウジングが装着されていた。

ポールのDC7での旅は、ローマとカイロを経由して、スタンレーヴィルに向うものだったが、ローマで無線の故障による遅れが出た。これで、旅行の時刻表の全体が影響を受けた。DC4に乗換えてウスンブラへ行くのは2日遅れた。ブカヴへ向うDC3はエンジンの故障で飛ばなかった。ポールは友人のピエール・スロスと待ち合わせ、彼が車でコンゴ国内の舗装道路を運転してレオポルドヴィルは通らずにブカヴへ連れて行ってくれた。ポールは最終目的地に着き、ほかにも3台のポルシェがこのラリーに参戦しているのを知った。これはラリーというより同じルートで3周するレースのようなもので、キヴ湖に映る標高1800mもの山々の峠を越えて行くものだった。

8月16日の土曜日がスタートだった。フレール／ベーテン組は、地元の新聞社から「勝つためのチーム」と称されたが、残念なことに、5時間もレースすると石が潤滑系に穴を開けてしまい溶接で塞ごうと試みたが、彼らのポルシェはリタイアとなった。ポールはコンゴを訪れる機会を与えてくれた旅行を楽しんだ。

ほかのレースの機会もあった。3週間後に第1回レオポルドヴィル・グランプリが開催されることになり、ENBは、ポールに3リッターのフェラーリ・テスタロッサをドライブするように依頼して来た。彼の自由時間にキヴ湖で水上スキーをやれることを発見し非常に楽しんだ。次の年の春、彼はモーターボートと水上スキーを一式買うことにした。

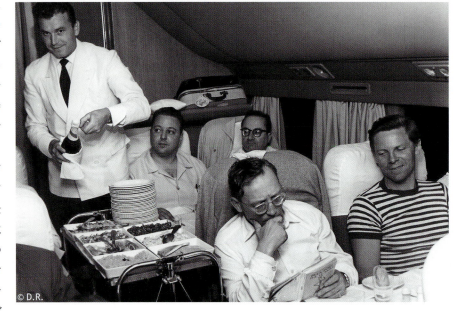

グランプリは、レオポルドヴィルでは、1年の中で最も派手なイベントだった。まるでモナコにいるような気分で、黒人も白人も混ざった大群衆の熱気はむせかえるようであった。新聞はその写真や記事で埋め尽くされていた。2.4kmのサーキットは、機敏なマシンに向いていたので、1500ccのロータスに乗ったピエール・ベルチャムと何度も競り合ったが、ポールはプラクティスで最速タイムを出した。アラン・ド・シャニーも古い4.1リッターのフェラーリに乗ってENBからエントリーしていた。そのマシンは、アルマン・ブラトンの所有で、チームに貸し出されたものだった。

ポールは、12気筒のフェラーリに乗ってベストを尽くしてブレーキをいたわりながら走りレースを支配した。120周中の106周目にリアから心配すべき異音が聞こえてきた。1個のベアリングが壊れオイルがいたる所に飛び散っていた。ポールは、両手を広げて2回も歓迎の意を表してくれた主催者の期待に応えられなかったので非常に失望した。

1959年3月、ポールは、アイウォリーコースト・ラリーでドーフィンをドライブしてくれとルノーから招待された。
© Archives Frere

1959

ポールはマシンに失望させられてしまった。そこで再び、マウロ・ビアンキは自分の手で多くの仕事をこなさねばならなかった。ポールはこの旅行を長い間覚えていただろう！彼は1958年シーズンにとても満足していたわけではなかった。彼は引退を考えていたのだが、能力を高めたいと欲するならば、もっと多くのレースに参加するべきだという結論に達した。

ロンドン・モーターショーで、レグ・パーネルは、ポールに次のシーズンをアストンマーチンと契約しないかと求めてきた。1958年も終わろうとしていた。ポールは、ル・マン24時間レースをシーズン目標の中心に見据えたこのイギリスのチームに加わるチャンスに飛びついた。ボスのデヴィッド・ブラウンはF1を作っていた。彼は、このスポーツカーを熟成させる最後の年になるが、この速いスポーツカーはまだレースに優勝する可能性を持っていると言った。

ポールは、1959年のシーズン序盤に体力の維持のためにいくつかのイベントに参加した。最初のレースは、新しくシンプルな形にされたミッレミリアだった。ポールは、フランソワ・ランドンのルノーチームに参加した。彼は、ジルベルト・ティリオンとハンドルを分かち合った。しかし、パンクのために時間がかかり、順位を落として完走した。

1959年スパ・グランプリ

スパ・グランプリに出たときも、ポールは幸運に恵まれていなかった。ポルシェは、1500ccまでのスポーツカーで行われるこのレースのためにワークスの718RSKスパイダーを彼に準備してくれた。ライバルは、ゴディン・ド・ビューフォート、クリスチャン・ゲタルス、そしてドイツにルーツを持つ若いブラジル人の挑戦者ビノ・ハインツなどで、皆ポルシェに乗っており、そしてオスカに乗ったアレハンドロ・デ・トマソだった。

ポールは、地獄から飛び出したコウモリのような勢いでスタートしてライバルとの差を広げるといういつもの戦略をとったのだが、驚いたことに彼のマシンのリアバンパーに食らい付いてきたのはポルシェではなくオスカに乗ったデ・トマソだった。ずる賢いアルゼンチン人はプラクティスでは本当の実力を見せていなかったのだ。ポールは、彼を15秒引き離すのに5周を要した。ほかのライバルはどこにも見えなくなった。ハインツはレディヨンで外側の壁にヒットさせてか

1959年のスパ・グランプリにて。ビノ・ハインツは、レディヨンでポルシェRSKに乗っていて大事故を起こしたが、幸運にも負傷しなかった。

ら大きくコースアウトしたが、幸いにも負傷しなかった。

6周目にRSKのエンジンは3気筒しか点火しなくなった。ポールはリタイアしたのだが、メカニックは1本のバルブが壊れているのを見つけた。オスカはラジエーターに穴が開き水を求めてストップしなければならなかったので、最終的に勝利はビューフォートの物となった。オスカのピットには誰もおらず、デ・トマソにバケツ1杯の水を与えたのはポルシェのメカニックだった。

1959年ニュルブルクリンク1000kmレース

1週間後、ポールは1000kmレースのためにニュルブルクリンクにいた。そこで彼はポルシェ・カレラ1500を持つナディゲ・フェリーという女性ドライバーとチームを組むことになった。優勝できる可能性を持つマシンではなかったので、彼はモチベーションを上げられなかった。スタートの直前になって、彼はポルシェのメカニックが、スターリング・モスのアストンマーチンを打ち破る可能性を持っていたフォン・トリップスのマシンに載っていたエンジンと載せ換えるという素晴らしい仕事をしているのを見た。39分の突貫作業が終わり、ポルシェは順位を上げてモスのDBR1とフィル・ヒルのフェラーリの間のグリッドを得た。

このレースは、モータースポーツの歴史に残るものだった。モスは尋常ではない勝利を収めて、彼のずば抜けた才能と勇気を見せつけた。17周を走って、チームメイトのジャック・フェアマンにマシンを引き継いだときに、彼は一番近いライバルに対して6分ものリードを築いていた。フェアマンは自分の肩にかかった重たい責任を感じ、リードを保つことに意識を集中した。良い仕事をしようと試みたがスピンしてコースアウトし、溝に後ろ向きにはまり込んだ。

　ポールは、その事故が起こったときに通り過ぎた。このイギリス人は、1956年のル・マンで、ポールが彼を衝突に巻き込んでしまったときに皮肉を込めたコメントをいくつか述べていた。ポールは助けることはできなかったが、溝からマシンを引き出そうとして超人的な努力をしているフェアマンに同情を感じた。驚くべきことに彼は脱出に成功したのだ。どうしようもない状態から彼はアストンマーチンをピットまで戻すことができた。何が起こったのか理解する前に、モスは彼をマシンから引きずり出して飛び乗り、2台のフェラーリを追撃するためにスタートした。この追撃は決して忘れられない光景だった。彼は2台の赤いマシンに追いつき、そして抜いた。彼は、雷鳴のような拍手の中でチェッカーフラグを受けたのだ。

運転するスターリング・モス。

Aston Martin at the Nurburgring 1959

3台のワークス・フェラーリ250TR。No.5(ダン・ガーニー／クリフ・アリソン組)が5位で完走した。

1959

1959年ル・マン24時間レース

　1959年は、ACOが初めてル・マン24時間レースのために4月のテストを開催した年だった。ポールはこのテストに参加し、あまり楽観的ではない印象を抱いて帰宅した。フェラーリ・テスタロッサに乗ったフィル・ヒルは3分59秒で周回したが、アストンマーチンに乗ったキャロル・シェルビーのベストタイムは4分17秒だった。前年より速くなった赤いマシンは装着されたディスクブレーキに感謝するべきだろう！そしてDBR1は遅くなった。エンジンの排気量はまだ3リッターに制限されていた。幸運なことに、4月のテストでチーム責任者のレグ・パーネルとジョン・ワイヤーには、どこがアストンマーチンの性能の欠けている部分なのかが分かった。主な問題はトップスピードが不足していたので、6月のル・マンまで働き尽くめでマシンの細部に至るまで改良を施して空力的なボディを造った。

　チーム全体が、毎年アストンマーチンが本部を置くシャルトル・スー・ル・ロワールに移動し、それぞれのメンバーは分刻みで決められた全員の仕事のプログラムを記載した日程表を受け取った。水曜日にジャコバン広場で車検が行われ、ドライバーも厳格な医学的検査を受けなければならなかった。ポールは常に肉体的に鍛えていたので、何の問題なく合格した。彼のチームメイトは、背が低いヒゲのフランス人、モーリス・トランティニアンだった。彼は4月のテストには参加していなかったが、ポールは彼に何が起こったかを説明した。

Aston Martin at
Le Mans 1959
Part 1

Aston Martin at
Le Mans 1959
Part 2

2カ月にわたる仕事は実を結び、拡大されたフロントフェンダーと後輪をおおうスパッツにより、マシンの空力はかなり改良された。トノカバーはコクピットの周りで渦巻く風を防止した。そして2つの改造は、ミュルサンヌの直線路での最高速を17km/hも高め、フェラーリとの性能差は、1周当たり6秒から7秒に減ったのである。

　アストンマーチン・チームは主に、几帳面なスターリング・モスのリクエストに基づいて多くの時間を割いて細かな部分の改造を行った。モスは、ミュルサンヌの直線路でエンジンの回転数が余りにも低いことを発見していた。ポールとトランティニアンは、主にシートの位置決めという細かい点を解決しなければならなかった。フランス人のトランティニアンは、ベルギー人のポールより背が低かったので、丁度良い妥協点を見つけるまで、かなりの時間を割いていくつかのクッションを作る必要があった。

　アストンマーチンのエンジンは、250テスタロッサに比べると40馬力も低かった。イギリスのチームは、イタリアのチームとはまったく違った雰囲気ややり方があった。フェラーリのドライバーは、ベーラ、ガーニー、そしてダ・シルヴァ・ラモスは、ライバル心を持って、自分がどれだけ速いのかを披露したがった。その結果、数本のバルブが曲がってしまった。ジャンドビアンとフィル・ヒルは、前年、勝利をもたらしたときのようにゲームに加わらずに待つことに決めた。

　パーネルの戦略はシンプルだった。モスは野うさぎのように駆け出して、フェラーリ勢をスタートからベタ踏みで飛ばさせることだった。40馬力劣っていてもそれは可能だった。モスは給油の間隔もできるだけ開けるように求められていた。その間にシェルビー／サルヴァドリ組とフレール／トランティニアン組は4分20秒前後で走り、堅実なレース運びを続けて上位3位内で完走するというものだった。チーム内での争いはもってのほかだった。すべてのスターティングマネーはレースの後でドライバーの間で分配されることになっていた。

　16時00分、スウェーデンのベルティル王子が旗を振り降ろし、モスが飛び出して先頭に立ち、アイルランドのジャガー、ジャンドビアンとダ・シルヴァ・ラモスのフェラーリが後を追った。3台目のフェラーリに乗るジャン・ベーラはゆっくりとスタートしてから火傷をした猫のような勢いでチームメイトを追いかけて、1時間後の鐘が鳴った直後には捕らえていた。モスは1周4分06秒で周回し、まるで空を飛んでいるような走りでポールを驚かせた。ベーラは1時間20分もレーシングスピードで走ってモスを抜き、フェラーリの優位性を見せつけた。観衆は興奮して騒ぎ、マイクを握る解説者のジョルジュ・フレシャールの声もかすれて来た。

1959年ル・マン24時間レースにて。手にメガフォンを持ったレク・パーネルが、アストンマーチンのピットで作戦の指揮を取った。

優勝したキャロル・シェルビーとロイ・サルヴァドリがドライブした3リッターのアストンマーチンDBR1。

ポールとモーリス・トランティニアンが行った一貫したレースは2位となる成果を挙げた。モエ・エ・シャンドンの美酒を飲む瞬間である。

© Bernard Cahier

フェアマンが首位を譲ることなくモスに引き継いだときには、ポール／トランティニアン組は9位を走っていた。夜の帳が降りるころ、モス／フェアマン組のアストンマーチンは、油圧が落ちて速度を落としバルブを曲げてリタイアしなければならなかった。

この後は、ベーラ／ガーニー組の250TRが首位に立ち、1台のジャガーと2台のアストンマーチンが続いた。このフェラーリとジャガーは夜の間に姿を消し、ジャンドビアン／ヒル組のテスタロッサが、2台のアストンマーチンの間を走っていたが、日曜日の2時には首位を奪った。ベルギー人とフランス人のコンビは3位を走っていたが、ミュルサンヌとアルナージュで1速を使うときに問題を抱えて心配だった。4時までに赤いマシンのリードは3周までに広がった。成り行きはイギリスチームにとって不吉な展開になってきた。

4台のポルシェがアストンマーチンの後を追っていたが12周も後だった。突然、4台のうちの3台がレースから脱落した。ほぼ同じときであった。11時30分ごろにポールは、かなり調子を崩したフェラーリをいたわって走るジャンドビアンを抜いた。2周後にジャンドビアンは、予定されていないピットストップを行った。そしてさらに2周後、250TRはレースを止めた。これで、No.6のアストンマーチンに、レースの首位を走るシェルビー／サルヴァドリ組に次ぐ2位を与えた。優勝できるかという観点からすると、シェルビーは完走できるかどうか非常に心配だったので、非常にゆっくりと、D.B.パナールのペースと同じ4分45秒までペースを落とした。

ポールは状況を考え、そしてシェルビーを抜かない理由は何もないと知った。彼は、ピットから「行け！」というグリーンのライトで信号を送られ、そうした。最終的にサルヴァドリ／シェルビー組は、フランス人とベルギー人の2人組の3/4周前でチェッカーフラグを受けた。グランドツーリングカーのカテゴリーでは、250GT。LWBに乗ったベルギー人のジャン・ブラトン／ジャン・デルニエ組がクラス優勝し、フェラーリにとっていくらかの慰めとなった。

1959年ツーリスト・トロフィ

　1959年のスポーツカー世界選手権の最終レースは、マーチ卿リッチモンド公爵の領地に設けられた私設のグッドウッド・サーキットにおけるツーリスト・トロフィだった。

　フェラーリは、選手権が始まるときには最有力馬だったが、最終戦前にはアストンマーチンに対してわずか2ポイントのリードを保っているだけだった。アストンマーチンは、スターリング・モスのたぐいまれな才能とデヴィッド・ブラウンの申し分ない組織運営によりその位置につけていた。ブラウンは、フォーミュラ1に手を出して実りは得られなかったが、シーズンの始まりではゴールとは思っていなかった選手権での総合優勝に手をかける立場にいた。

　アストンマーチン・チームは、ル・マン24時間レースと同じドライバーのラインナップを揃えて臨んだので、ポールはトランティニアンと一緒にNo.5のDBR1で走ることになった。プラクティスでは、モスが最速の1分31.4秒というタイムを出し、ブルックスが1分32秒でこれに続いたが、1.6リッターポルシェに乗るエドガー・バルトや2リッターのロータスに乗ったグラハム・ヒルよりも2秒以上速いタイムであった。このレースのために、レグ・パーネルは秘密兵器を開発してきた。圧縮空気で作動する車載ジャッキで、車体の右側からバルブにつなぎ車体を持ち上げて、4輪すべてのタイヤを30秒で交換できるという物だった。4輪のタイヤを交換するのにかかる時間からすると、この装備を使えばレースで約40秒間または半周に匹敵した。

　レースの序盤は順調にスタートした。モスは飛び乗ってマシンをスタートさせ、第1周目を1位で回り、シェルビー、グラハム・ヒルのロータス、ホワイトヘッドのアストンマーチン、フォン・トリップスのポルシェ、そしてフェラーリでは一番速いジャンドビアンが続いた。フィル・ヒルは、バルブを曲げて1周後にリタイアした。ジャック・ブラバムが乗るリアにエンジンを積んだ非常に速い小さなクーパーは、ホイールベアリングが壊れて止まった。テスタロッサに乗ったガーニーとジャンドビアンは、3位と5位に順位を上げた。最初の給油で止まった後、ポールは2台のポルシェに挟まれて4位になっていた。ガーニー／ブルックス組は、ブレーキの問題で3位の順位を失ってしまった。

　非常に速い1.6リッターポルシェに乗るボニエは、4位をポールから奪い取った。そのとき、サルヴァドリがモスと交代するために止まった。給油担当のメカニックは、バルブをほんの少し早く開け過ぎた。燃料が熱い排気管にかかって点火し、突然、アストンマーチンとサルヴァドリは炎に包まれた。消防隊の迅速な活動により火災は鎮火し、幸いなことにサルヴァドリは軽い火傷を負っただけだった。先頭を走っていたマシンは、くすぶる残骸と化した。ピットは壊滅的な被害を受けたが、スポーツマン精神に溢れたグラハム・ホワイトヘッドが、彼のピットから機材やタイヤ、そのほかの消耗品を運んで来てアストンマーチンを援助した。

　レグ・パーネルは冷静さを保ちシェルビーのマシンを呼び入れて、モスが乗ってボニエのポルシェとジャンドビアンのフェラーリに続いてピットアウトした。それは、ニュルブルクリンク1000kmレースを再現するかのようであった。それは不可能な挑戦に見えた。しかし、モスの辞書に不可能の文字はなかった。彼は、1秒、また1秒と先行する2台との差を縮めていった。モスは、ポールを追い抜き、ポールは何とか後に付いて行こうとしたが、2周後には、モスのマシンはポールの視界から消えてしまった。スターリング・モスの走りは度胆を抜くような速さであった。

　ポールはトランティニアンに交代したが、モスは誰にも交代するわけがなかった。30分後にはモスはアリソンのフェラーリを抜き去った。打ち負かすのは難しいと思われたボニエは、ピットストップに2分もかかってしまい、30秒で済ませたモスに首位の座を奪われてしまった。

　ポールとモーリスは完走した4位の順位にいたが、徐々にエンジンの出力が低下する兆候を見せてきた。レース終盤、ブルックスのフェラーリとフォン・トリップスのポルシェとの間で世界選手権が賭かった2位争いは爪を噛むような展開となった。最終的には、ポルシェが2秒差で2位となった。フェラーリは3位が2回という結果で、ポルシェは3位が1回だったので、フェラーリは世界選手権での2位が確定した。

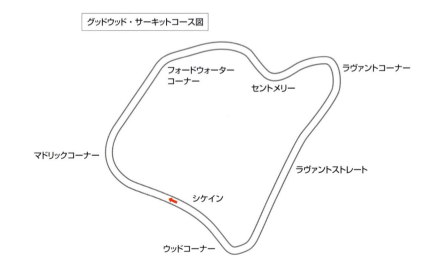

グッドウッド・サーキットコース図

1959年、グッドウッドの表彰台。デヴィッド・ブラウン(眼鏡をかけた)は勝者に取り囲まれている。ブラウンと並んで中央にいるのがレースで2台を乗り継いだスターリング・モス、彼のチームメイトのジャック・フェアマン(右)、それにル・マンで優勝したキャロル・シェルビー(左)とロイ・サルヴァドリ。

南米パンパスでのグランプリ

ポールが、ロンドン・モーターショーから戻ったとき、NSUファクトリーからの電報が彼を待っていた。「私たちの車に乗って、アルゼンチンのロードレーシング・グランプリに参加してもらえないでしょうか？」彼は即座に「イエス」と返事をした。11月中旬ロッキード・コンステレーション機に乗って、エドガー・バルトとファクトリーのメカニックと共に、彼はブエノスアイレスに向けて旅立った。

彼らを待ち受けていたのは、アルゼンチンでNSU輸入代理店を営むアントンとペーターのフォン・ドリー兄弟だった。ポールは、アントンとは彼のプライベートポルシェ・スパイダーでヨーロッパに来て、数戦のレースに出たときに会っていた。

知謀と狡猾がこの国を語る2つのキーワードだった。どんな働きをしてどんな事件が起きたのかは後に分かる。これは、当時、アルゼンチンでファンジオやミエレス、ゴンザレス、メンディテグイなどのトップドライバーを輩出した理由だろう。この国では舗装道路はほとんどなく、古いDC3などの飛行機がこの広大な国を旅行する最も安全な方法だった。

3人のヨーロッパ人はアンデスの山麓にあるサンファンで飛行機から降り、古いエスタンシアというアルゼンチンのIKA社で製造されたジープのようなステーションワゴンに乗って偵察を始めた。2人のアルゼンチン人がこの車を運転していたが、ポールと友人は、この有名なグランプリが一体どんなものなのかを正確に理解できた。ミッレミリアの3倍の距離の道路、というより車が通れる道は、山岳地帯も砂漠地帯も車が巻き上げるもの凄いホコリで、いたる所に罠が待ち構えているのだ。

ルートは、激流が流れるときもあれば、完全に干上がってしまった川の跡と交差したり、轍でデコボコの道では車は数メートルも飛び上がった。しかも標高はときには3000m以上になって凍える寒気や焼け付くような暑さに変化する。読者にもこのアルゼンチン・グランプリがどんなレースなのか、おぼろげながら分かってくるだろう。このレースは国民的な行事で、グランプリマシンやスポーツカーのためのレースよりもっと重要で、グランプリが通過する所では、どこでも休日になってしまうのだ。

新型のヨーロッパ車やアメリカ車は法外な価格で販売されており、そこで、トップカテゴリーは、ツーリスモ・ド・カレテラ(改造ツーリングカー)と呼ばれ、1938年から1947年までの古いフォードやシヴォレーがエントリーの資格を持っていた。"もっとスピードを！"というシンプルな目的のために大幅な改造が施されていた。エンジンはオリジナルの倍のパワーが出るように改造されており、ボディのすべての部分は、不用なものは取り外され、内側に組まれたロールバーで骨格は強化されていた。ショックアブソーバーは、トラック用のパーツを使って強化され、リヤシートは巨大な燃料タンクに置き換えられていた。

マシンの乾燥重量は、1500kg前後だったが、2名のドライバーと燃料タンクを満タンにして、3本のスペアタイヤを積むと総重量は2トンを越え、トップスピードは200km/h前後だった。ポールの小さな600ccのNSUは750cc以下の量産車のクラスに入れられ、ほかに3台のワークスカーと1台のプラベート参加車がいた。

レース距離は2300km以上で、3日間の協議と競技区間を移動するための3日間の休みからなっており、ミッレミリアのブレシアやローマでの観衆も色あせてしまう程の大観衆の待つブエノスアイレスのサーキットでグランプリはフィナーレを迎える。残念なことにポールの車はリタイアした。そのきっかけは、彼がコースを少し外れたことだった、ところが、クラスの中で良い順位に付けていたNSUのリヤから巻き上げられるホコリで視界を失ったボルクヴァルトから衝突されて、ボルクヴァルトのドライバーが死亡するという事故にあったのだ。ほかの3台は一緒に完走でき、ブエノスアイレスに勝利の凱旋をした。

1959年の暮れ、ポールは、信じられない冒険に巻き込まれた。
アルゼンチン・グランプリであった。彼は小さな750ccのNSU
に乗ってアルゼンチン人のコ・ドライバー兼メカニックのジョー
と共にレースに臨もうとしている。

© Archives Frère

1960年南アフリカ・グランプリ

ポールにとって、1956年のベルギー・グランプリでの2位というのが彼のキャリアの中でも最高位だった。彼は世界最高の耐久レース、ル・マン24時間レースに優勝したいという希望を持ってスポーツカーレースを続けたかったが、プロフェッショナルとしての体力が要求されるシングルシーターのレースには、自分はその体力がないからと、ポールは絶対に出ないと誓い続けていた。というはずだったが、1959年8月にガルダ湖畔で休日を過ごしていたポールにピエール・スタスが電話してきて、イーストロンドン・サーキットで行われる南アフリカ・グランプリで、ENBの2台の新型クーパーの1台に乗らないかと聞いてきた。ポールは即座に「イエス」と答えた。

ザントフォールト・サーキットで良好なテストを終えた後、彼は、12月26日の"ボクシングデー"に、最終的にオリヴィエ・ジャンドビアンの代役となったルシアン・ビアンキと一緒にヨハネスブルグに向けて旅立った。翌日、彼らはヨハネスブルグからダーバン、そしてイーストロンドンに向けて飛んだ。オランダとイギリスからの入植者の歴史を持ち、当時、厳しいアパルトヘイト政策をとっていたこの国で最初に開催されたグランプリレースであった。砂漠の中の全長4kmのサーキットは、少しザントフォールトに似たレイアウトだった。レースは、フォーミュラ・リブレのレギュレーションに基づいて行われたので、ほとんどの種類の車が参加資格を持っていたが、優勝はシングルシーターだろうというのは明らかだったし、優勝を期待されていたのは、2台のクーパー・ボルクヴァルトに乗ったスターリング・モスと彼の弟分のクリス・ブリストウだった。

モスは、プラクティスで最速だった。ポールは2秒落ちで、ビアンキは、さらに4秒遅れだった。そうして、ポールは最前列の真ん中からスタートすることになり、なんとかブリストウを始まったばかりのときに抑え込むことができた。ブリストウはポールを抜いて行ったが、コースアウトしたのでポールは2位に戻った。通常ならば、ポールはモスに追いつく希望を持つことはできなかったが、マウロ・ビアンキが、モスのわずか10秒の後にいるという信号を送って来たときに、ポールはチャンスを持っていることを知った。

彼は、燃料噴射装置のトラブルを起こしたスターリング・モスを捕らえて抜いた。ポールは完全に脱水状態となったが何とか走り続け、1位でチェッカーフラグを受けた。彼は、直ちにフォトグラファーやジャーナリストに取り囲まれた。彼は、喉の乾きを満足させた後、サーキット内に侵入した喜びに満ちた群衆の間をぬって、スクーターに乗って栄誉の1ラップを走った。

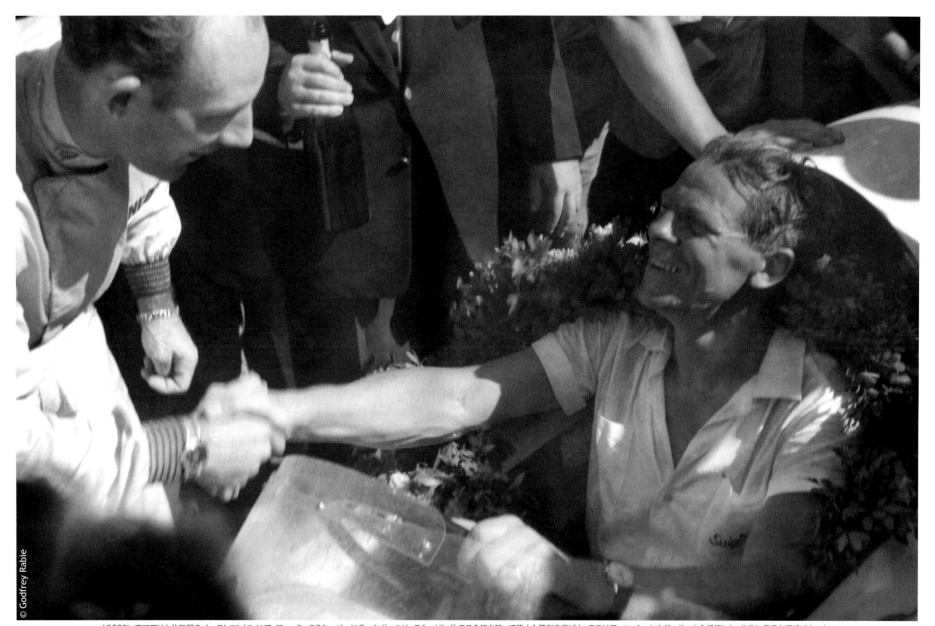

1960年、南アフリカ共和国のイーストロンドンにて。フォーミュラ2クーパーに乗ったポールは、スターリング・モスを打ち破って偉大な勝利を挙げた。モスはフィニッシュした後、ポールを祝福した。非常に貴重な握手であった。

1960年のポー・グランプリにて。ENBのクーパーに乗ったポールは、有名なフランスの町の市街地サーキットでは、イーストロンドンほどの成功は得られなかった。この地には、ポールは、トニー・マーシュ、ルシアン・ビアンキそしてオリヴィエ・ジャンドビアンと一緒にやってきた。
© Archives Maurice Louche

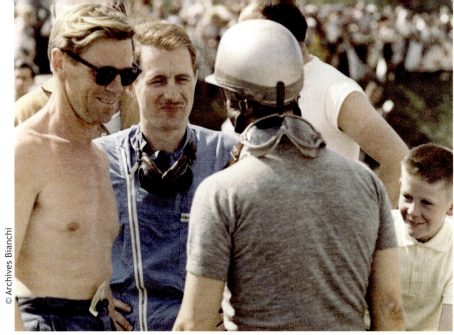

1960年イーストロンドンにて。ポールの偉大な勝利のうちのひとつ。
彼は、もう1台のENBクーパーに乗って6位に入賞したルシアン・ビアンキと一緒に参戦した。

フォーミュラ2に乗ってのシーズン

この勝利に勇気づけられ、ポールはENBのためにほかのF2レースにも参戦することにした。彼の大きな目標であるル・マン24時間レースに向け技術を磨き、体力のレベルを維持することが目的だった。それに、彼の夜間視力が低下し始めており、サルトで行われる伝統のレースのために残された時間は限られていたのだ。彼は、シシリー島でのシラキュース・グランプリから作戦行動を開始した。彼は自分のポルシェをドライブして5位で完走した。

1960年ブリュッセル・グランプリ

3週間後、150kmの2ヒート制で行われた初めてのブリュッセル・グランプリがル・エイゼル近くのアントワープ・モーターウェイで開催され、すべてのトップドライバーとベストなF2マシンが参加した。プラクティスにはボードゥアン国王が出席して栄誉を与えた。ポールは、3台のENBのマシンの1台をオリヴィエ・ジャンドビアン、ルシアン・ビアンキと共にドライブした。優勝したのはジャック・ブラバム、ポールは、ジャンドビアンの前で5位完走を果たした。

1週間後に開催されたポー・グランプリでは、直前になってポルシェがジャンドビアンを彼らのマシンの1台に乗らないかと誘ったので、その代役としてポールがENBのクーパーに乗った。舗装路面と接触しシャシーが少しねじれてしまったにもかかわらず6位となった。

1960年のブリュッセル・グランプリにて。ボードゥアン国王(右)が、オリヴィエ・ジャンドビアンとポール・フレールと一緒に談笑している。

1960

1960年のタルガ・フローリオにて。ポールは、初めてのタルガにスクーデリアからエントリーした。プラクティス中にクリス・アリソンの事故が起きたのは、ポールがウィリー・メレスと一緒に乗ることになっていた2.4リッター・フェラーリではスタートしないことを意味していた。

© D.R.

1960年タルガ・フローリオ

　まず最初は、ポールはシシリア島の北の1周72kmのマドニエ・サーキットでいまだに行われている、世界で2番目に古いレースでフェラーリをドライブして欲しいというコメンダトーレからの依頼を断った。エンツォ・フェラーリは、充分な数のドライバーを持っていなかったし、ポールはエンツォとの間に非常に良い関係を築いていた。さらに、エンツォは、ポールにル・マン24時間レースではマシンを提供する立場にあったので依頼を受けることにした。

　彼は、パリから飛行機でオリヴィエ・ジャンドビアンと彼の妻と一緒に到着した。彼らは1台のフィアット600をレンタルすると、ポルシェとフェラーリの両チームが宿泊しているホテルへと向かった。天候は寒く曇っておりそれが第1番目の失望だった。第2番目の失望は、エントリーリストを見たときに来た。ポールのチームメイトは、フェラーリのワークスドライバーのひとりウィリー・メレスだった。ポールはまったくハッピーではなかった。なぜなら、長距離を旅して来たからだし、サーキットを学ぶには多くの時間が必要だった。それに、多くの事故を起こしてきた粗暴な男として評判のメレスのせいでリタイアする可能性があったからだ。

　彼は、タヴォーニに会いに行ったが、彼の質問に対して曖昧な答えしかくれなかった。

　次の日、ポールはフィアット1100でサーキットの下見を始めた。タヴォーニとこのフィアットをレンタカーとして借りたペッピーノが同乗していた。タ

ルガでは、それぞれのコーナーや樹木、里程標、家々が手に取るように分かるまで走り込まなければならないが、ポールはサーキットを4周してみて、下見を始める前より恐怖を感じていた。エンジニアのアマロッティはポールに、スペアカーとして持ち込んだ古いフェラーリ・モンツァで走ってみるように言った。

その日は、風の強い日で、タイムを計ってみると話しにもならなかった。彼は、最初の周回を、1回のスピンを含んで57分で回った。コースを良く知っているフィル・ヒルが同じマシンに乗って出したタイムと比べて8分も遅かった。その日の午後の終わりには、55分にまで縮めた。水曜日の朝、フィアット1100に乗ってもう2周した。

それから、ポールはモンツァに乗り込み、目標を持って走ると52分前後のタイムだった。すべては計画通りに行き、彼が"マドネまで3km"と壁に描かれた家の前タイトなコーナーで岩に当たってスピンしたとき、慣れてきたと感じ始めた。

マシンの後方が損傷し、燃料タンクが破裂して、彼のプラクティスは終わった。彼の友人でポルシェに乗って通りかかったユルゲン・バルトとランチア・フラミニア・スポルトに乗ったスカルフィオッティが、壊れたマシンを回収するトラックが到着するまでポールに付き添っていてくれた。

木曜日にも、ポールはアメリカから到着したばかりのリッチー・ギンサーと共に、何十万kmも使い込まれたレンタカーのフィアット600や1100に乗ってテストを続けた。ポールは午後遅く、スペアのフェラーリ・モンツァに戻って走ったが、コーナーの出口で砂利の中に埋もれていた木を引っかけた。モンツァは彼の好みのマシンではなかった。

スクーデリア・フェラーリは4台のマシンを運んで来ていた。2台の3リッターV12マシンと曲りくねったタルガには適した2台の2.4リッターV6マシンだった。木曜日の夜、タヴォーニはドライバーの組み合わせを発表した。ヒル／アリソン組とスカルフィオッティ／カビアンカ組が3リッターマシンで、フォン・トリップス／ギンサー組とフレール／メレス組が、2.4リッターのフェラーリというものだった。

このレースでの他の有力なマシンは、アメリカから来たカモラディ・レーシング(キャスナー・モータースのレース部門)のマリオーリ／ヴァッカレラ組のマセラッティだった。それにジョー・ボニエの乗るポルシェも特に有力だった。金曜日の公式予選では、ウィリー・メレスが先に出て行った。ポールがそのマシンを引き継いだときに、彼は前日ギンサーが壊してしまったスペアのマシンと、この軽く敏捷なマシンとの間にはまったく次元が異なる程の差があることを理解した。

ポールは、何かに接触することもなく予選を終えたが、それは、彼がそう考えただけかもしれない。というのも、フェラーリのエンジニアは、少し痛んだホイールとステアリングのセンターが少しズレていたので、何かに接触したと感じていた。アリソンは、パンクに苦しんでコースで唯一の海沿いのストレートの終わりでコースアウトしてしまいフィル・ヒルと組んでいたマシンを壊してしまった。

そういうわけで、ポールはギンサーのように外されるだろうと考えた。彼は、8人の中で最も経験が少なかったのだ。次の朝、彼はほかのドライバーと一緒に招集されてスタート地点に行った。ウィリーが最初のスティントをこなしドライバー交代のときが来た。タヴォーニは、フォン・トリップスにマシンに乗り込むように指示した。

ポールは、自身の決定をもっと早くポールに言う勇気を持たなかったタヴォーニに対して非常にイラついた。最終的には、ボニエ／ヘルマン組のポルシェが優勝し、フィル・ヒル／フォン・トリップス／メレス組のフェラーリは4位で完走した。そういうわけで、ポールは、タルガ・フローリオは決して走らないと決めた。

タルガ・フローリオのピッコロ・マドニエのコース図

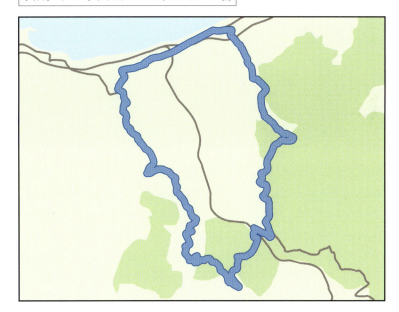

1960年ニュルブルクリンク1000kmレース

ポールが好きなサーキットであるニュルブルクリンクに適していたのはポルシェだった。ポルシェは軽量でハンドリングが良く、有名な22.8kmの北コースを攻めるのには理想的なマシンだった。彼は1000kmレースの週末を、プレス関係者によるジャーナリスト・スラロームに前年勝ったのに続いて勝利することから始めた。彼はポルシェのワークスチームのメンバーとして参加することを希望していたのだが、フォン・ハンシュタインは、遅過ぎたとポールに言った。そこで、南アフリカから参加したイアン・フレイザー=ジョーンズと組むことにしたが、この南アフリカ人は、プラクティス中に自分の新車のRS60を壊してしまった。最終的に彼は、プライベート参戦していたオランダ人のカレル・ゴディン・ド・ビューフォートのポルシェのシートを見つけた。

新型のRS1600は信じられない程速く、優勝を争うマシンの1台だった。シシリー島でアリソンが起こした事故の後にリビルドされた、4輪独立サスペンションを備えた3リッターフェラーリに乗るフィル・ヒルを抑えてボニエが最速の9分43秒を出した。ジム・クラークは、もうワークスの援助を受けていないアストンマーチンDBR1に乗って3位だった。モスは、2台のカモラディ・マセラッティのうちの1台に乗って大いに気をはいた。週末はずっと酷い天候だったが、それにもかかわらず25万人以上の観客がアイフェル山中の森の中に集まったのは、トップクラスの戦いを見たがっている証拠だった。

旗が振り降ろされたとき、モスとクラークは稲妻のようなスタートを見せたが、4台のワークス・ポルシェはグリッドから動いていなかった。12秒前後で彼らのエンジンは始動して熱い追走を始めた。ボニエは、1周の間に45台も抜いて7位に上がるという驚異的な追い上げを見せた。

モスはギャップを広げていったが、オイル漏れを止めるためにピットストップしなければならず、前年と同じように優勝するためにはもがかなければならなかった。霧が濃くなって視界は100mにまで低下した。

ボニエとジャンドビアンは1位と2位を占めていたが、ジャンドビアンは、マセラッティに乗ったモスの攻撃を受け流すことはできなかった。モスは、同じカモラディ・マセラッティに乗って素晴らしい才能を見せたダン・ガーニーの助けもあり、ジョー・ボニエ／グラハム・ヒル組のポルシェを破って優勝した。

ポールは、ド・ビューフォートが体調を崩してしまったので、レース後半を非常に激しく戦わねばならなかった。燃料供給の問題で15分ものピットストップをしてしまった後、ポールはオレンジ色のポルシェで9位完走を果たした。

1960年のスパ・グランプリは、1.6リッター以下のマシンで行われた。ポールは、最終的にポルシェRS60を貸してくれたカレル・ゴディン・ド・ビューフォートのおかげでレースに参戦することができた。というのは、招待された参加者の中から、1959年に入賞した者は排除されてしまうという出来事が関係していた。このプレゼントで、ポールにとっては、好調のままこのベルギーのサーキットでのレースのキャリアを終えることができた。

の最後の所にあり、最初のプラクティスの間、S字が現在よりももっと大きく曲線を描いていたオールージュにマシンが挑んで行く前のマシンが混んでいた場所で、BPで働く男がポールにサインボードを出していたのだ。

ほんの短い間、注意がそちらに向いてポールは正しいライン取りができなかった。彼は2回転のスピンをして、レディヨンと古い小道との間の溝を跨ぐようにして止まった。ポールはマシンから飛び出して、一緒に来ていた娘のニコールに自分が無事だと安心させた。ポルシェの前部は酷いダメージを受けていた。リエージュのディテレン社から助けが来て、ポールの指示に従って板金職人が夜遅くまでかかって修理した。

レースは、いつものように小雨の中で行われ、これで地元のポールはライバルを圧倒できた。彼が第1周目にラ・スルスまで回って来たとき、レ・コンブでスピンしたブレマーはローラに乗るボブ・ヒックスを道連れにしていた。観客は皆叫んでいた。ポールはほとんど全員を周回遅れにし、スパ自動車クラブが主催したフランコルシャン・サーキットでのレースに14回参加して11回の優勝をして、彼のここでのレースを締めくくった。

1960年
スパ・グランプリ

1週間後に1600cc以下のマシンで争われるスパ・グランプリが開催された。ワークス・ポルシェのほとんどのマシンはRS60-1500で、1週間前の週末にエドガー・バルトがドライブした唯一のワークス1600は、溝にはまってレースを終えていた。フォン・ハンシュタインは、ゴディン・ド・ビューフォートを説得して彼のポルシェをポールに貸すことになった。これで、ジミー・ブレマーのロータスを抑える4分35.4秒のタイムをプラクティスで出し、レースで勝てそうなことを証明した。

ポールは、切り札を揃えていたが、もう少しですべてを失うところだった。彼のピットは、下り坂

Le Mans '60

第12章：1960年ル・マン24時間レース

その年のル・マンウィークは、ベストな始まりではなかった。6月22日水曜日、ル・マンに向けてブリュッセルを出発してすぐに彼は、スピード違反で切符を切られてしまった。ル・マンまでは非常に離れた距離にあり、レーシングバッグは、警官に対する言い訳として効果がなかった。その数十年後の2002年、彼は高速道路で230km/hで捕まったが、彼はそのまま走り続けることを許してくれた警官のためにサインをするだけで赦免された。「制限速度は人権侵害である」と彼は話していたものである。

光輝く太陽の下、ジャコバン広場で15時ごろにポールがポルシェから降りたとき、モデナで仮ナンバー登録された4台のフェラーリ・テスタロッサは、既に並んで車検を受けていた。数日前に、フランコルシャンでリモ・タヴォーニが彼に語ったマシンだった。3リッター12気筒のマシンのうち2台は、ドディオン・リアアクスルで1959年型だと見分けが付いた。ほかの2台は4輪独立懸架の新型だった。

タヴォーニは、ポールにやや謝り口調で旧型モデルの1台を与えることを伝えたが、彼のこれまでのル・マンのレースにおける経験とマシンをテストしたうえ、より速いかもしれないが信頼性に欠ける新型モデルより旧型が良いと答えた。

新型マシンは、旧型の850kgから785kgへと65kgも軽量化されていた。しかしニュルブルクリンクや他のより鋭い加速が必要なサーキットに比べると重要性は低かった。さらに、レース中には、車重による差は出にくい傾向があった。アストンマーチンは、フェラーリと同じ位の車重で、ジャガーは、もっと重い950kgだった。

一方、マセラッティ・バードケージは非常に軽く、マステン・グレゴリー／チャック・ダイ組が乗るマシンは、660kgと予想された。それは、ボンネットの前方よりから始まるほぼ水平なウィンドスクリーンを持ち、レギュレーションをあざ笑うようであった。最も低い所では25cm程で、ドライバーは、ウィンドスクリーンを通してちゃんと見る事は不可能だった。ル・マンのミュルサンヌのストレートで出るスピードでもドライバーを適切に守るウィンドスクリーンを持つべきだった。

これが、なぜフェラーリがずっと高いウィンドスクリーンを備えた理由だった。それは、ちゃんと機能したが、マシンの最高速度を15km/hも下げてしまった。当時、レギュレーションには、美しいジャガーDタイプにスーツケースを入れる事を可能にするトランクを装備する義務を負わせる等という馬鹿げた条項が含まれていた。その条項は、1969年までルールブックに残っていたのである。

フェラーリチームには、素晴らしい雰囲気があり、誰がNo.1ドライバーになるとかいう議論は無かった。この事は、それぞれがNo.1ドライバーとして選ばれたかった2人のドライバーを別のマシンに乗せなければならなかったという過去に馬鹿げた状況を作った事があった。ポールとオリヴィエの間で起きた唯一の口論は、この栄誉の事だった。彼らは、お互いにNo.1を譲り合ったのである。

最終的に、ポールはオリヴィエが最初のスティントを走るという条件でNo.1を受け入れた。それはまず彼が、1956年に彼が乗ったワークス・ジャガーをエセスでクラッシュさせた時の悲惨なスタートの事を覚えていたからだし、次に彼は暗闇の中を運転する時の視力がどんどん悪くなっていたからで、それに対しオリヴィエは夜間の視力がとても優れていた。最終的には、このより若いオリヴィエのもっと鋭敏なドライビングスタイルの方が、スタート時の白熱したバトルでは、マシンに負担をかける事が無い大きな利点だろうという事だった。さもないとチームマネージャーのタヴォーニは、既に長々と続けてきた論戦に対してイエローカードを出しただろう。

1960年ル・マン24時間レースの公式ポスターの写真には、1959年のスタートの光景が使われていた。
エキュリー・エコスよりエントリーされた、フロックハート／ローレンス組がドライブするNo.8トジェイロ・ジャガーが後続集団をリードする。

Le Mans '60

次の日、ポールは、彼がどうやって24時間レースの為の体力を準備するかを記事にしたいと質問するジャーナリスト仲間の友人の1人に会った。

彼はその記事はそんなに長くならないだろうと答えた。「最後の10日間は、ひと晩に4時間とか5時間しか眠らないんだよ。というのもベルギー・グランプリとル・マン24時間レースの間なんで、テレビのためにいろんな仕事を8日間みっちりやらなきゃいけないんだ。実際2週間かかる仕事を、6日か7日に凝縮してやらなきゃならないのさ」。

レースでは、フェラーリのドライバーは、250GTベルリネッタは30馬力も低いのに、テスタロッサと同じくらい速いのに気づいた。ポールはそれを確かめたくて、レース中に5km地点と6km地点の間の時間を計測したところ255km/hだった。彼は、問題に関していくつかの明確なアイデアを見つけた。彼は、レースにおける安全性を心配しているFIAの役員を連れてくる準備はできていると言った。雨の中でサーキットを1周して、何も見えない状態で255km/hで回るのと、程よい視界で275km/hで走るのは、どちらが危険かその役員に決めさせればよいのだ。

ミュルサンヌのストレートでは、ジャガーやグレゴリーのマセラッティに対して不利であったが、とにもかくにも操縦性能や加速性能がこの欠点を大きく補っていたフェラーリ勢は、非常に有力な優勝候補だった。

フェラーリ250テスタロッサの主な利点は、最初に登場してから12年も経ち、その間に絶え間なく改良され、うらやむべきレベルのパワーと信頼性を与えられた12気筒エンジンだった。出力は、284馬力から300馬力の間で、3000rpm以上では高いレベルのトルクを備えていた。その頑丈さはレーシングエンジンとしてはまれなほどであった。ポールとオリヴィエは、プラクティスではあまり周回をしないことに決めていた。なぜなら、その当時プラクティスではタイムを計ることせず、予選タイムはスタートの順位を決めるものではなかった。それがすべて変わったのは1962年のことである。

ブーリス／ルシアン・ビアンキ組がドライブするエキュリー・フランコルシャンのフェラーリ250GT。

Le Mans Car Race (1960)

水曜日にジャコバン広場で行われた車検を受けるフェラーリの各マシン。No.10(ウィリー・メレス／リッチー・ギンサー組)を運転しているのは、メカニックのセリジオ・ヴェッサリ、その後に続くのが、人気の高かったNo.9(ウルフガング・フォン・トリップス／フィル・ヒル組)。

Le Mans '60

スタート順位はいまだにエンジンの排気量に応じて振り分けられていたのだった。そういうわけで、マシンを仕上げることが重要で、レース前に過大なストレスをかけるべきではなかった。

イギリスのチームは、対するイタリアのチームと比べて準備などの詳細にわたって几帳面であった。例えば、ヘッドライトを点滅させることなど予想されてもいなかった。イグニッションキーがどこにあるのかを探す場合、暗闇の中、手探りでそれを探すと引き抜いてしまう危険があったし、回すときの感覚は古いフィアット・トッポリーノのようだったのでドライバーからは、もっと良い場所にスイッチを置くようにリクエストされた。

メカニックは、ステアリングホイールのそばにある下向きに押してライトを切り換える長い棒を指摘した。それを戻すときにスプリングの作用でフルビームにするか切るかの位置に戻ってしまうのだ。それでは、前のマシンのドライバーの目をくらませずにヘッドライトを点けたままで前のマシンを追走できるというのだ。「ゴムのバンドを取り付けたらいい!」というのが答えだった。そういうわけで、ときには250km/h以上のスピードで、ドライバーはシャシーのチューブに下がっているゴム輪からひとつ探して外し、それを棒にはめてライトを操作しなければならなかった。

この時代の馬鹿げた規則によって起きた問題を回避するためにメカニックやドライバーが用いたトリックや工夫を想像することは今日では難しい。例えば、シートのクッションの素材に関係なく、ウインドスクリーンの上とドライバーのシートの間の最低の垂直高を決めた規則があった。

ル・マンを木曜日に襲った嵐は、こんな状況ではコース上を見ることがいかに難しいかをドライバーに見せつけた。ウインドスクリーンの内側も外側も同じくらい多量の雨であふれ、ウインドスクリーンの上を通して見るにはスクリーンが高過ぎた。ウインドスクリーンのワイパーは使いものにならず、ドライバーのゴーグルの中は激しい雨で洪水のような状態だった。唯一の解決法はマシンを止めることだった。ポールは、ドライバーが主張してCSIが認めたウインドスクリーンに15×3cmのスリットを開けることを考えたが、相談したル・マンのガラス屋は、そんなことをすれば最後にはガラスが割れてしまうと言って反対した。

24 Hours of Le Mans 1960

そこで、ポールとオリヴィエは、知恵を絞らなければならなかったが、何枚ものクッションを積み重ねてウインドスクリーンの上から見ることができるようにした。ステアリングホイールが膝の間に来るようになったが、これは非常に素晴らしい解決法だった。彼は、スタートしてからレースの3分の1でいいペースを保つことができ、彼らに決定的なアドバンテージを与えた。

木曜日、チームはキャブレターのテストを続けたがそれも早く終了した。金曜日は休みだったので、彼を待っているもの凄い労力の前に、絶対に必要だった休息を取ることができた。ポールは、従兄弟が泊まっているホテル・ド・フランスに行って旧友のパストゥー家と会った。ロワール川で短時間泳ぎ、サルト川でボート遊びをした。

メカニックには休みなどなかった。彼らは、メレス／ギンサー組のマシンのエンジンを交換しなければならなかったし、コクピットの換気を改善する作業もあった。彼らは、やりくりしてもひと晩で2、3時間しか眠れなかった。めったになかったが、ポールはレースを前にして優勝するのに必要なすべての要素が揃っていることを感じていて、充分な自信を持っていた。オリヴィエは最初のスティントを走ることになっていて、マシンは速くて信頼性があった。2人は戦略に関して合意していて、彼の士気はいつになく高まっていた。とにかく、彼らにとって最も手強いライバルは、チームメイトのフォン・トリップス／フィル・ヒル組という素晴らしいコンビだった。ウィリー・メレスは話にならなかった。

最終的には、チームリーダーを決めていなかったことがよかった。それに加えて、それぞれのドライバーは、優勝したときの名声や、分け合う必要がない賞金の額に対する欲があった。優勝すれば2位になった者の倍の賞金を持ち帰れるのだった。フェラーリの関係者は、ライバルに対してほとんど恐れを抱いていなかった。

昨年優勝したアストンマーチンはあまりに遅かったし、ポルシェは流線型のデザインにもかかわらず、ミュルサンヌのストレートで、大排気量のマシンに脅威を与える程速くなかったのは大きなハンディキャップだった。マセラッティは唯一の脅威だったが、彼らの大排気量の4気筒エンジンの信頼性には大きなクエッションマークが付いていた。

マセラッティ・ティーポ61バードケージは、カモラディ・チームからエントリーされ、エンジニアのアルフィエーリが設計したレギュレーションを回避するウインドスクリーンを持っていた。マステン・グレゴリーとチャック・ダイ(白いジャケット)はNo.24のこのマシンに乗り、2時間にわたりレースをリードした。

53台のマシンがピットの前に斜めに並べられ、一番前は、ブリッグス・カニンガム&カモラディ・チームによりエントリーされたブルーのストライプが入ったコルヴェットだった。フェラーリは9、10、11、12番でフォン・トリップス／フィリ・ヒル組、メレス／ギンサー組、ジャンドビアン／フレール組、スカルフィオッティ／ペドロ・ロドリゲス組で、名前が前のドライバーがスタートを務めた。

スタートが近づくと、ピンが落ちた音も聞こえる程の静寂に包まれた。グランドスタンドとそれに続く観客の列は1km以上も続き、天気は曇りだった。「スタート1分前」のアナウンスの後、少しおいて、ベルギー王室のプリンス・アモリー・ド・メロードが旗を振り上げた。このベルギー王族がスタートの合図をしたのは、何かの前兆だったのだろうか？ 旗が振り降ろされ、53足の靴が舗装路を横切るなか、ジャンドビアンは前に出た。猫のような敏捷さでマシンに飛び乗るとフェラーリの中でベストなスタートを切って、昨年の優勝者ロイ・サルヴァドリを激しく追跡した。彼は1周目を、マステン・グレゴリーのマセラッティに続く2位で回った。マセラッティは、フェラーリとの間を1周当り5秒も広げて行ったが、ジャンドビアンは気にせずに4分10秒から4分15秒の間で周回するという戦略を守った。

タンクは120リッターに制限されていたので、プラクティスが終わってから計算された燃料消費率からすると、24周か25周毎に給油のピットストップをする必要があった。安全を見込んでタヴォーニは22周後にジャンドビアンを呼び寄せた。「メゾン・ブランシュの後に燃料切れを起こしたよ。再スタートするときに電磁ポンプを使った」と彼はマシンから降りるときにポールに言った。これで、ポールはトラブルにあわず戻ってこれた。2kmも行かないうちに、テルトル・ルージュ・コーナーのすぐ後のコース横にフォン・トリップスのマシンが止まっているのが見えた。ミュルサンヌのストレートで、もう1台の赤いマシンがノロノロと這っているのをポールは追い越した。それはスカルフィオッティのマシンだった。彼らは両方とも燃料切れを起こしていた。それはチームにとって大きな痛手だった。

悪名高いサンドバンクを避けるために、ポールは加速しながらミュルサンヌを抜けて行く。

次の周回で、ポールはスカルフィオッティのマシンが止まっているのを見た。ポールがジャンドビアンと共にスティントのスケジュールに従うと給油の順番が最後になっているのをタヴォーニが聞いていなかったことをポールは神に感謝した。メカニックは、何日も夜も眠らずにマシンを仕上げてきたのに、ガソリン切れでリタイアしたのは、スクーデリアの士気を大いにくじいてしまった。

怒りの涙と絶望に満ちたメカニックの眼は、この混乱を招いてしまったチームのマネージメントの責任へと向けられた。しかし、この失敗に対しての説明は以下のようだった。まず一番に、ドライバーはレースでの平均速度よりも低い速度でプラクティスを走ったので燃料消費率が低く評価されてしまったこと、次に12cmの最低地上高を確保しなければならないという規則にしたがってボディの下を通っていた排気管がボディの横を通るように変更されたので、燃料消費を増加させてしまったというのである。

数周後、ミュルサンヌにおかれたサインボードには、ポールが1位と表示された。マセラッティは順位を落としてしまった。しかし、突然、雨雲が空を覆い雷雨がル・マンを襲った。視界はゼロとなり、タイヤのグリップはなくなった。サーキットの全周で、マシンはまるで浮き上がっているようだった。黄色のライトが点滅し、旗が振られた。ダンロップブリッジの下では、ブーリスのフェラーリがコースを大きく外れてフェンスにぶつかって壊れた。そして、ブリッグス・カニンガム＆カモラディ・チームのコルヴェットが火災を起こしてコースを塞いだ。もう1台のコルヴェットはクラッシュしてプラスチックの破片を路面いっぱいにぶちまけた。2台目のマセラッティはスターターの欠陥で止まってしまった。

速度を落として3周し、ポールは幸運なピットインをして引き継ぎ、乾いた服に着替えることができた。彼らは、ギンサーの3分前を走っていた。21時、ポールがマシンに戻る番だった。雨はまだ降り続いており、日暮れは早く訪れた。オリヴィエは、雨が強いから彼にもう1枚クッションを重ねるようにアドバイスした。ポールは、こんな状況で非常に役に立つ彼の特殊な眼鏡をかけることができなかった。彼が2周目を走っていたとき、ミュルサンヌの鋭角カーブで速過ぎてエスケープロードに入ってしまった。このル・マンのサーキットを16000kmも走ってきて初めてのことだった。

彼がジャンドビアンに引き継いだときは完全な闇だった。ジャンドビアンは、2回分のスティントを走ると約束してくれ、これでポールは休息を取り、物理療法士のボボゼのマッサージを受けることができた。ジャンドビアンがピットに戻って来たときにはすっかりリフレッシュできていて、出かける準備ができたときには雨が止んできた。これは良いニュースだった。彼は特殊な眼鏡をかけることができ、チームメイトのペースに合わせられた。N.A.R.T.(ノース・アメリカン・レーシングチーム)のフェラーリのリカルド・ロドリゲス／アンドレ・ピレット組の1周前でコースに出て行った。

© Famille Frère

The other Ferraris

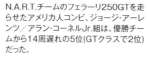

No.17の250テスタロッサは、N.A.R.T.がエントリーし、18歳のメキシコ人、リカルド・ロドリゲスと彼より24歳の歳上のアンドレ・ピレットがドライブした。彼らは4周遅れの2位で完走した。

18時05分、フォン・トリップスのフェラーリは、テルトル・ルージュで燃料切れとなった。

F.タヴァノ／P.デュメイ組がドライブし総合4位、GTクラス優勝をしたフェラーリ250GT SWB。

N.A.R.T.チームのフェラーリ250GTを走らせたアメリカ人コンビ、ジョージ・アーレンツ／アラン・コーネルJr.組は、優勝チームから14周遅れの5位(GTクラスで2位)だった。

誰も完璧ではない。暗闇の中で非常に滑りやすいコースを走っていたポールは、ミュルサンヌのエスケープロードに入り込んでしまった。

ジャンドビアンとメレスは、数周にわたってベルギー人同士でテール・トゥ・ノーズの接戦を繰り広げたが、メレスの方は1周遅れだった。ミュルサンヌで「給油せよ!」のサインを見たとき、ウィリーは、それが自分に出されたものだと勘違いして同国人のジャンドビアンと一緒にピットストップしたが、優先権はNo.11にあるのは明らかだった。荒ぶるウィリーは怒りのジェスチャーをしてから、もう1周するためにスタートして行った。これはこの状況では最善だと思われた。

　ポールは、18歳のリカルド・ロドリゲスから追い越されたが、これは、ポールにとって、若いメキシコ人の運転技術と安定性を賞賛する良い機会だった。ロドリゲスの乗るN.A.R.T.のフェラーリは2周遅れだったので、ポールは先に行かせた。マセラッティに乗るグレゴリーも彼を抜いて行ったが既に10周ほど遅れていた。少し後にこのイタリア製のマシンはエンジンがブローアップしてしまった。首位に返り咲こうとしたアメリカ人のグレゴリーがエンジンをむちゃに回したからだった。

　日曜日の2時30分、ポールはオリヴィエにマシンを引き継いだ。オリヴィエは、もう一度2倍のスティントを走るからポールに休むようにと言ってくれた。ポールは眠れなかったが、優勝が視野に入ってきたと考えていた。彼は、2時過ぎからレースをリードしていた。幸運にも、この年は霧が出なかったので、ジャンドビアンにとって長い夜間の走行はつら過ぎることはなかった。

　彼らのフェラーリは、同じチームのギンサー／メレス組を2周リードしていたし、サルヴァドリ／クラーク組のアストンマーチンとロドリゲス／ピレット組のフェラーリには3周のリードだった。ポールはマシンに飛び乗って、夜明けを迎えた涼しい朝の40周のスティントをこなした。250TRは、4分10秒から4分15秒までの間のタイムで時計のように周回を重ね、ポールはエンジンやそのほかの部品に負担をかけないように走った。

　彼はスティントの半ばでユニバーサルジョイントを壊したギンサーがコース脇に止まっているのを見た。彼は、すぐに1周当り10秒もペースを落とした。これまでで、レースの結果はほぼ決まった。ピレット／ロドリゲス組は2位、サルヴァドリ／クラーク組が3位だ。しかし、ベルギー人の2人組は、16時までまだ長い時間走り続けなければならなかった。いろいろな思いが彼らの心の中を駆け巡った。ジャンドビアンは、ギンサーのリタイアの原因となった振動に関して自分も振動を感じたことを考えた。ポールは、ブレーキペダルを蹴るように踏んでも反応しなかったことが信じられなかった。彼は、前日4速で回ったいくつかのコーナーを5速で慎重に回った。

1960年のル・マン。曜日の10時、ポールはオリヴィエのいつでも代わるというアドバイスを聞いている。

12時40分、ポールはフェラーリから飛び降りてジャンドビアンに引き継いだ。彼は、最後のスティントのために14時ころにマシンに戻り、1位でチェッカーフラグを受けた。

ポールは素早く水を飲みながら、タヴォーニが示す最新の順位と周回数の差を見ている。

ポールは、テルトル・ルージュの出口で非常にリラックスしているように見える。これから、気を引き締めねばならないミュルサンヌの直線路を攻略しなければならないのだ。
12cmの最低地上高のルールをクリアするために最終段階で変更されたサイドにマウントされた排気管がはっきり見える。

ピット・カウンターに立つレモ・タヴォーニはストップウォッチを見ているが、その間、嫉妬深いウィリー・メレス（帽子を被っている）は、同じベルギー人のポールが勝利に向かってスタートしていくのを見つめている。

© LAT Photographic

ポールは、6000rpm以上を使わなかったので、フェラーリ250GTベルリネッタでもミュルサンヌの直線路で追いつくことができた。1960年幸福の女神はポールのそばにいた。前年、ポールの最も古くからの親友であるモーリス・トランティニアンと一緒に乗ったアストンマーチンで勝利まで後少しで終わってしまったのだが！それに、このレースが終わればポールがヘルメットを脱ぐことを知っていたジャンドビアンは、レモロ・タヴォーニに最後の給油の後の最終スティントにはポールを乗せるように頼んでいた。

ル・マン24時間レースで勝利するなら、オリヴィエは、ポールに1位でゴールを越えて欲しかった。それは、素晴らしいスタートを切り、ル・マンでの困難の中で常にフェラーリで上位を走り、チェッカーフラグを受ける価値のある働きをしたジャンドビアンの紳士として崇高な態度だった。彼は、ポールが問題を抱えていた夜間でも熱いペースで走り続けた。幸運にも、マシンがラインを越えたとき、オリヴィエはマシンに飛び乗ることができ、彼はポールと一緒に優勝の喜びをともに分かち合うことができた。

© Bernard Cahier

デュトレイの公式時計が示しているのは、1960年6月26日の日曜日14時45分である。ポールは最後のスティントに出発した。N.A.R.T.がエントリーしたリカルド・ロドリゲスとアンドレ・ピレットがドライブする兄弟車に1周の差を付けていた。
1時間と15分後に彼のレーシングドライバーとしてのキャリアは、勝利の栄光に包まれて終わりを告げた。

彼はやった！ 独特なファッションを着たジャック・ロストが、フェラーリ・テスタロッサがフィニッシュラインを越えようとしたときに旗を振り降ろした。ポール・フレールは、2位に2回(1955年と59年)、4位に2回(1957年と58年)になった後、とうとうル・マン24時間レースに優勝した。

© Bernard Cahier

Class.	Cat.	N°	Team	Drivers	Chassis	Engine	Laps
1	Sport 3.0	11	Scuderia Ferrari SpA	Paul Frère Olivier Gendebien	Ferrari 250 TR59/60	Ferrari 3.0L V12	314
2	Sport 3.0	17	NART	Ricardo Rodríguez André Pilette	Ferrari 250 TR59	Ferrari 3.0L V12	310
3	Sport 3.0	7	Border Reivers	Roy Salvadori Jim Clark	Aston Martin DBR1/300	Aston Martin 3.0L	306
4	GT 3.0	16	Fernand Tavano	Fernand Tavano Pierre Dumay	Ferrari 250 GT SWB	Ferrari 3.0L V12	302
5	GT 3.0	18	NART	George Arents Alan Connell Jr.	Ferrari 250 GT SWB	Ferrari 3.0L V12	300
6	GT 3.0	22	Écurie Francorchamps	Léon Dernier Pierre Noblet	Ferrari 250 GT SWB	Ferrari 3.0L V12	300
7	GT 3.0	19	NART	Ed Hugus Augie Pabst	Ferrari 250 GT SWB	Ferrari 3.0L V12	299
8	GT 5.0	3	Briggs S. Cunningham	John Fitch Bob Grossman	Chevrolet Corvette C1	Chevrolet 4.6L V8	281
9	S 3.0	8	Major Ian B. Baillie	Ian B. Baillie Jack Fairman	Aston Martin DBR1/300	Aston Martin 3.0L	281
10	GT 1.6	35	Porsche KG	Herbert Linge Heini Walter	Porsche 356B Abarth	Porsche 1.6L Flat-4	269
11	S1.6	39	Porsche KG	Edgar Barth Wolfgang Seidel	Porsche 718 RS	Porsche 1.5L Flat-4	264
12	Sport 2.0	32	Ted Lund	Ted Lund Colin Escott	MG A Twin Cam	MG 1.8L	262
13	GT 1.3	44	Roger Masson	Roger Masson Claude Laurent	Lotus Elite Mk14	Coventry Climax 1.2L	261
14	GT 1.3	41	Team Lotus	John Wagstaff Tony Marsh	Lotus Elite Mk14	Coventry Climax 1.2L	257
15	Sport 850	48	Autom. Deutsch et Bonnet	Paul Armagnac Gérard Laureau	DB HBR4	Panhard 0.7L Flat-2	253
16	Sport 1.0	46	Donald Healey Motor Cy	John Dalton John K. Colgate Jr.	Austin-Healey Sprite	BMC 1.0L	246
17	Sport 1.0	47	Autom. Deutsch et Bonnet	Pierre Lelong M. van der Bruwaene	DB HBR5	Panhard 0.9L Flat-2	244
18	Sport 850	54	Ed Hugus	John Bentley John S. Gordon	O.S.C.A. Sport 750	O.S.C.A. 0.7L	237
19	Sport 1.0	56	Autom. Deutsch et Bonnet	Robert Bourharde Jean-François Jaeger	DB HBR5 Coupé	Panhard 0.9L Flat-2	228
20	Sport 1.0	52	Autom. Deutsch et Bonnet	René Bartholoni Bernard de Saint Auban	DB HBR4 Coupé	Panhard 0.9L Flat-2	223

etc....

優勝したフェラーリは、興奮した観客やメカニック、カメラマンの群れに囲まれた表彰台に向っている。ハンドルを握るポールの後には、彼の妻のニネッタと娘のマルティンがいる。
左側には、タイムキーパーを務めていた従兄弟のピエール・シンプと群衆に向かってセブリングでファンから貰った帽子を挙げて敬礼しているオリヴィエ・ジャンドビアン。

Le Mans '60

フェラーリ陣営は大喜びしていた。ポールの顔はエベレスト登頂を達成したかのように喜びで輝いている。ポールはこの伝統的なレースに優勝し頂点に登りつめた。彼の左にいるのは、ポールがレースにデビューしてからタイムキーパーとして助けてくれた愛称"ピェ"こと従兄弟のピエール・シンプである。(写真右端)

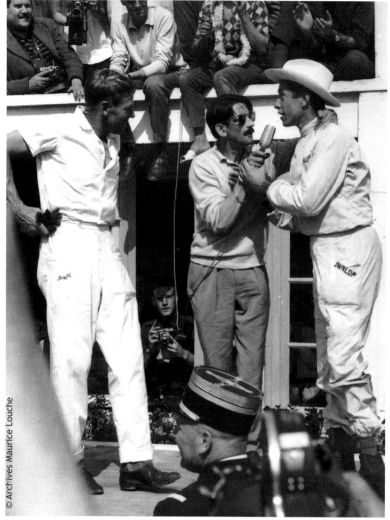

　ここに記録しておきたいのだが、ポールが着ているのはスイクスティルのシャツとズボンである。1930年にアルゼンチンでサロマン・ルドマンにより創立された衣料品のブランドで、ファンジオに最初のシヴォレーをプレゼントした根っからのモーターレーシングのファンであった彼は、本物のスクーデリア・スイクスティルを作り、ファンジオ、ゴンザレス、マリモン、ミエレスなどのアルゼンチンのドライバーが着た。アルゼンチンのナショナルカラーであるスカイブルーのズボンと淡いイエローのシャツの組み合わせを宣伝した。ヨーロッパのトップドライバーもレース業界に流行ったこのブランド服を着始めるのは非常に速かった。丈夫で仕立てがよく、半分が革で半分がニットのグローブも同じブランドである。

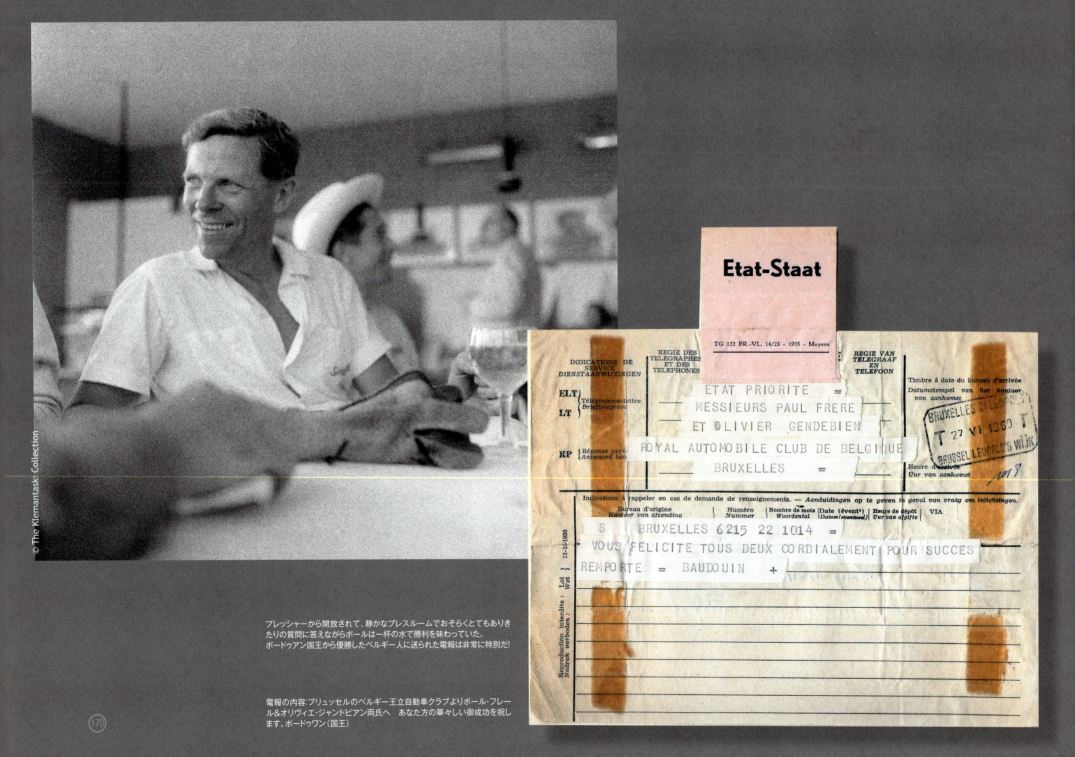

プレッシャーから開放されて、静かなプレスルームでおそらくとてもありきたりの質問に答えながらポールは一杯の水で勝利を味わっていた。ボードゥアン国王から優勝したベルギー人に送られた電報は非常に特別だ！

電報の内容：ブリュッセルのベルギー王立自動車クラブよりポール・フレール&オリヴィエ・ジャンドビアン両氏へ あなた方の華々しい御成功を祝します。ボードゥワン（国王）

リラックスして優勝の分け前を楽しむときなのにフェラーリのチームマネージャー、レモ・タヴォーニは、まだスーツを着てネクタイを締めている。

フェラーリ250テスタロッサのヒストリー

　フェラーリ250テスタロッサは、もともと1957年シーズンのために設計され、スカリエッティにより製作された。次の年からスカリエッティが、250GTとカリフォルニアの製作で非常に忙しくなり、ピニン・ファリーナ(設計)とメダルド・ファントッツィ(製作)に移管された。シャシーナンバー0772　TRは、1959年に製作された5番目のそして最後の250TRだった。その年のル・マン24時間レースでデビューしたがリタイアだった。冬の間にTR59/60仕様に改修され、その後の初めてのレース、ブエノスアイレス1000kmで優勝した。6月にポール・フレールとオリヴィエ・ジャンドビアンが0772TRをドライブしてル・マン24時間レースに優勝した後、このマシンはアメリカ合衆国に売られ、フィル・ヒルが短期間ドライブした。

　V12気筒エンジンはロータス19のシャシーに搭載されたが、1980年代にオリジナルのシャシーに再び戻された。その後、有名なフェラーリ・コレクターのポール・パッパラルドの所有となってル・マンの仕様にレストアされ、大西洋の両側で定期的に展示された。2004年に現在のオーナーの手に渡るとすぐにペブルビーチのコンクール・デレガンスに出品された。その5年後、ほかに生き残った3台の250TR59と再会させるために同じコンクールに出品された。

この写真は、マラネロでコメンダトーレと一緒に撮影され、以来、ポールの財布の中から決して離れることはなかった。イタリアでスピード違反をしたときの、イタリアの警察官に対する彼の最高の武器であった。

Bloody Enzo! 食えないエンツォ

　ル・マンで優勝した直後にポールはマラネロに行き、エアブレーキとして働き最高速を15km/hも下げてしまった高さ約60cmもあったウインドスクリーンは、最低25cmでも認められていたことを知った。彼は、エンツォ・フェラーリに、なぜマシンの空力特性をより良く設計しなかったのか、ジャガーDタイプはフェラーリと比べてパワーで劣っていたのにもっと速かった、と問いつめた。コメンダトーレの皮肉な返答はこうだった。「空力なんてのは、いいエンジンを作る方法を知らない者には役に立つものなのさ！」

1992年、フランコルシャンで開催されたフェラーリFF40での出会い。ル・マンでの優勝から32年後、
ポール・フレールとオリヴィエ・ジャンドビアンは、彼らの250テスタロッサと再会した。
© D.R.

第13章：ポールのスピード記録への挑戦

ポールのモータースポーツの世界でのキャリアに関してはスピード記録への挑戦を抜きにして語ることはできない。もちろん、言葉の本来の意味ではスピード記録への挑戦はレースではないが、ジャーナリズムの観点においてである。

ポールが記録挑戦に取りつかれたのは、1946年キャンプレの森でのレースで、彼より才能が劣っていたロベール・イーヴェルツのトライアンフ・スピード・ツインと彼のNSUを交換して乗ったときだった。このとき、ポールは自分のドライバー／ライダーとしての才能に明らかに気づいた。この小さなイベントでの優勝は引き金のようなモノだった。彼は、何をやりたいのかに気づいたが、この道に一歩を踏み出すには2年待たなければならなかった。

ジャック・イクスは、ポールにとって必要だった背中を押すことをやってくれた。イクスの前のキャリアはレーシングドライバーだったが、オートバイのジャーナリストとしてベルギーにおけるモトクロスの発展のために貢献してきた。彼は、1939年ベルギーのモトクロスチャンピオンとなった。1948年、彼はオーストリア製のプフというバイクの輸入元だったアルベール・ブレッソーを説得してポールに125ccのモデルを与えて乗せた（16ページを参照）。上位3位内で完走すると彼は、新しい記録挑戦という目標を見つけた。彼のプフをアルコール入りの燃料で走らせれば、ヤブベーケの高速道路で、助走を付けたフライングスタートによる1kmと1マイルの記録を破れるとポールは目星を付けた。ブレッソーは、挑戦に同意した。

ポールのリクエストに応じてハンドルバーが低く改造され、すべての不要なアクセサリーはエンジンから取り外された。彼は、リアのオーバーハングした部分にフットレストを取り付けて、ライダーがそれに足をかけてほぼ水平に寝そべって空気抵抗を減らすというアイデアを考え出した。工場長は、常軌を逸したアイデアだと拒否したが、とにかく、ポールは108km/hでフライングマイルの世界記録を破った。その記録は数週間後には、イタリア人のカヴァーナというライダーによって破られた。

これが、記録挑戦で限界を最大に引き上げたり、車輪を持った乗り物による各種のレースをしたりするポールのパッションの誕生のときであった。1956年から57年にかけて、モンツァ・サーキットで行われた、量産車のフィアット600からほとんどの部品を流用して作られたフィアット・アバルトによる記録挑戦に参加した。エンジンの排気量は747ccに増やされており、クランクシャフトや、カムシャフト、キャブレターが改造されていた。目的とした1万kmでの平均速度記録のために157km/hから160km/hで走らなければならなかった。ひとつのホイールに4つのナットを持つミシュラン製の量産タイヤをこのマシンに履かせ、ポールはランス12時間

レースで走ったときのように、最初のスティントを走った。

最終的に、このマシンの平均速度は140.6km/hとなった。なぜなら、激しい嵐がサーキットを襲い記録挑戦をほぼ1時間中止しなければならなかったのだ。夜になるとバッテリーが不安定となり、フォトグラファーのベルナール・カイエを含めたドライバーは、暗闇の中を勘を頼りに走らなければいけなかった。このような想定外の出来事にもかかわらず、彼らは、1万kmや72時間の記録を含む6つの国際記録を破った。しかも、平均燃費が、5.8L/100km＝17.24km/Lというのも、もうひとつ別な記録であった。

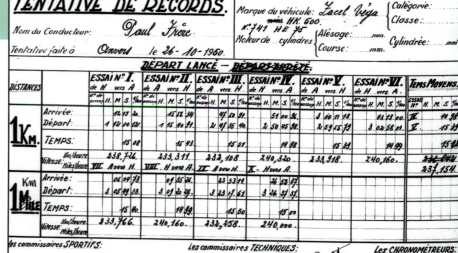

1960年10月26日、ポールは、1958年にフランス人のジャン・ダニノ(作家のピェール・ダニノの兄弟)が創業したメーカーのファセルヴェガHK500に乗ってフライングとスタンディングスタートの1kmの記録を破ろうとした。この記録挑戦は、RACB(ベルギー王立自動車クラブ)の監督の下で、古いアントワープの高速道路の非常に濡れた路面状況で行われた。その日、彼は両方向での平均速度240km/hに達した。(このページの書類を見て欲しい)

このエレガントで豪華なグランドツーリングカーは、6.3リッターのクライスラーエンジンを搭載し、このセグメントにおける最高のヨーロッパ車として競争力があると思われていた。エンジンのトラブルがこのメーカーを消滅させてしまった原因だった。車種を3つに広げ、最後の車はファセリアと呼ばれたが、3000台余りを生産して1964年に企業活動は停止した。後日、ポールは、良い天候だったら、楽に240km/hを超えることができたろうと述べている。ポールは、それから随分経った1992年にジャン・ダニノをポール・リカール・サーキットに連れて行き、1991年にル・マンで優勝したマツダ787Bの同型車787に乗せてコースを数周した。

© Archives Opel

© Archives Opel

1972年6月オペルは一連の速度記録を樹立してディーゼルエンジン自動車の効率の良さを証明することにした。この試みはめざましい成功を収めた。3日と2晩で、排気量2.3リットルのディーゼルエンジン自動車のカテゴリーで2つの世界記録と18の国際記録が樹立された。この速度記録挑戦車は特別に準備されたオペルGTであった。このアイデアは、その当時にディーゼル車が持たれていた安物のイメージを打ち砕くためであり、オペルの初めての量産ディーゼル車となるレコルト 2.1Dに関心を呼び起こすためであった。

当時、ドイツではスポーツが盛んになっていた。ミュンヘンでは1972年にオリンピックが開催され、全世界の眼がこの国に集まっていた。サッカーのヨーロッパ選手権では、何百万人ものテレビ視聴者の前でドイツのナショナルチームがソビエト連邦を3-0で破り優勝した。オペルによる記録は、この目的に合ったデューデンホーフェンのハイスピードトラックでの3日間にわたる走行で樹立された。

この挑戦のために1台のオペルGTがリュッセスハイムで準備された。エンジニアにより、空力を改善するために車の表面はできるだけ滑らかにされた。コクピットに残されたのは、シート1つだけだった。ボンネットの下の、鉄製のブロックを持った2.1リッターのターボ付きディーゼルエンジンは、4400rpmで95馬力、今日の専門用語では70kWを出すよう明確に定義された仕様に基づいて組み立てられた。GTディーゼルは、フライング1kmで197.5km/hを記録した。

6月に記録されたほかの耐久記録は、オペルの新型ディーゼルエンジンの頑丈さを証明した。記録車は、1万kmを52時間あまりで問題なく走った。190.88km/hという非常に高い平均速度で、平均燃費は13L=7.7km/Lだった。これらの数値は、リュッセスハイムで製造される新型ディーゼルエンジンの販売を助け、オペルの名前は記録の本に残された。

最初のオペルのディーゼルサルーンの量産車であったレコルトDは、60馬力を発するターボチャージャーなしの2.1リッターエンジンで、1972年の秋に発売された。そのときまでディーゼルエンジンはモータースポーツとは無縁であった。40年以上前のオペルGTは、今日、ホットハッチで使われているディーゼルエンジンの先駆者であった。

1972年にデューデンホーフェンで行われた記録挑戦でオペルGTに乗ったドライバーは、フランス人女性のマリー=クロード・ボーモン、スウェーデン人女性のシルヴィア・オステルベルグ、ポール・フレール、フランス人のアンリ・グレーデル、イタリア人のジョルジ・ピアンタそしてドイツ人のヨッヘン・シュプリンガーであった。当時、これだけの成功をもたらすとは誰も信じなかった。

ブルージュとオステンデを結ぶヤブベーケの高速道路で、1949年5月30日にジャガーXK120に乗るロン・"ソーピィ"・サットンにより達成された量産車の最高速度(126mph=201km/h、ウインドスクリーンを外してウインドシールドとトノカバーにして132mhp=212km/h)を出してから50周年。安全上の理由で、デ・ハーンに向う国道377号線を使って、このリバイバルイベントが行われた。1950年代の前半、ジャガーの輸入元で働いていたポールがハンドルを握っている。

vintage: Mercedes C111 ¦ drive it!

© John Lamm

© Archives Mercedes

© John Lamm

　1978年、イタリアのプーリア州にあり、コーナーにはバンクが付けられ世界で一番速く走れると考えられていた１周12.5kmのナルド・サーキットで行われたメルセデス・ベンツC111/3プロトタイプによる世界記録への挑戦にポールは参加した。チームは、グイド・モッホ(開発)、ハンス・リーボルト(C111プロジェクトの責任者)、リコ・シュタイネマン(スイス人のドライバーで1969年のポルシェチームの元チームマネージャー)それにポールだった。C111は、320km/h前後の９つの完全な世界記録を樹立した。マシンには、3リッター5気筒のターボ付きディーゼルが積まれていた。

　メルセデスベンツのプレス担当者であったギュンター・モルターは、ポールが61歳になっていたにもかかわらずこの記録挑戦に参加するように要請した。ポールは喜んでこれを受け入れた。最初のC111プロジェクトは、ロータリーエンジンを積むように計画されたが、5気筒のディーゼルに置き換えられた。6台のC111プロトタイプが公道を走るボディワークを施されて製造された。記録挑戦のために同じ技術を用いていたが、スタビライザーのフィンを付けた特別製のロングテールボディを載せた新しい2台も製作された。

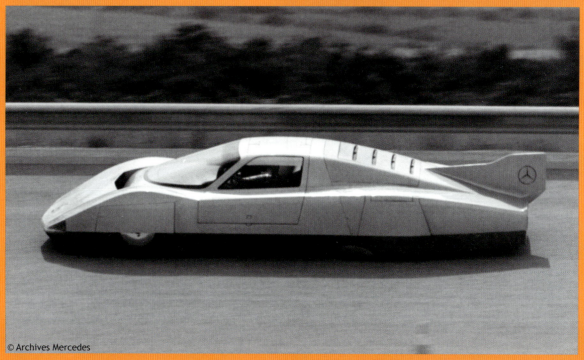
© Archives Mercedes

第3部

The journalist

ジャーナリストとしての日々

1962年、ポールは伝説的なフィアット500のハンドルを握っている。この
車は、ポールが熱愛していた有名なトッポリーノ（小さなネズミ）の後継として
1957年に登場した。

© Famille Frère

第14章:テスト、著述、そして
　　　　過ぎ行く日々

　ポールの自動車への愛は、弟のジャンが彼の記憶の中で述べているように(第1章)彼がまだ腕白少年だったころに始まった。有名なソルヴェイ大学商業学部の学位を授与されても、まずレーシングドライバー次にジャーナリストになるという彼の夢を阻むことにはならなかった。

　ポールは、学位を取ったことが残りの彼のキャリアのなかでどれだけ役立ったかを証明して見せた。素早い観察、分析的な心、多言語に通じ、基本的なことを押さえた明解な解説といった彼の個人的な特性は、いろいろな大メーカーにも賞賛され、数々のメディアが彼に記事執筆やコメントを求めたのである。

　これらの資質に加え、若い時から深い技術的な知識や広い世界観に支えられた自動車に対する熱烈な情熱と、英語ならオートカーとザ・モーター、フランス語ならラ・ヴィー・オートモビルといった幅広い自動車雑誌から得た詳細な知識が役にたった。

　1960年にル・マン24時間レースに優勝すると、既に公言していたようにレースから引退して自動車ジャーナリストの仕事に心身を投げうった。彼は、1940年代にラ・ヴィー・オートモビルの編集者であり有名なジャーナリストのシャルル・ファルーに原稿を送った。それは、自分の経験と計算から前輪駆動と後輪駆動の方式を比較した原稿でファルーはそれをすぐに掲載した。これがポールのジャーナリストとしての初めての記事だった。

　このようにして、彼は、何百もの記事を新聞や雑誌そしてテレビ番組のために執筆する多作なジャーナリスト兼作家となった。いつも改良を試みているいくつもの大メーカーも彼の経験や分析的な精神を利用したかった。彼らは、ポールを信頼して最新のモデルを委ね、ポールはそれを試乗してお墨付きを与えたのだった。この章で取り上げるのは、彼が90歳に至るまでにテストした何千ものテストのなかのほんの一部である。彼がテストした最後の車は、2007年3月に自宅近くのアルプ=マリティーム県の道路で行ったホンダ・シビック Type Rだった。

1989年、ポールと彼の二度目の妻のスザンヌ。

1967年ゾルダー・サーキットにて、ポールとジャン=ピエール・ベルトワーズがジム・クラークの話を注意深く聴いている。

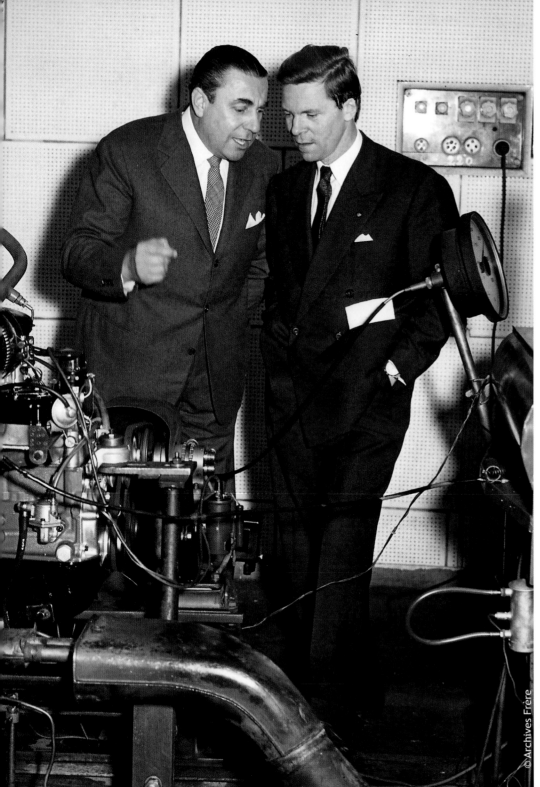

1959年のモーターショーで、ポールはフォード・ベルギーの経営陣とフォード・フューリーのエンジンの仕様に関して何やら話しをしている。

1958年、ポールはトリノのカルロ・アバルトの工場を訪れた。アバルトは、もともとオーストリア人でイタリアに移住して市民権を得た。最初1940年代の終わりにチシタリアで働き、その後、自分の会社をアルマンド・スカリアリーニと一緒に立ち上げた。

1961年モデナにて。ポールはENB(ベルギー・ナショナル・チーム)が購入した新車のエマーソン・マセラッティを試運転している。

下:彼は、カロッツェリア・ツーリングが1961年にボディを製造した2リッターエンジンのアルファロメオ2500に乗り込もうとしている。この車は、ボンネット上の2つのエアーインテークが目立っている。

この2枚の写真は、ポールが新型アルファロメオ・ジュリエッタ・スパイダー・ヴェローチェをスイスのヴォード県のヴィラル=スー=オロンのヒルクライムコースでテストしている光景である。

1960年9月、第6回国際ポルシェ・ラリーで、ポールは356Bスーパー90に乗ってノッケ・レ・ズート・ダイクで行われた競技に参加している。
© D'Ieteren Gallery, Brussels

ジャーナリストとして、ポールはどこにでも行った。彼は、モニター・オートモビル、レ・スポルト新聞、レ・スポルト、スポーツ・モーター、モーターレーシング、ロード&トラック、カーグラフィック、そして非常にベルギー的なロイヤル・オートのために働いた。彼は、自分の腕前を維持するためにときどきENBやいくつかのラリーのための特別なテストなどに参加した。彼は、フェラーリ365GTCから扱いやすい1965年のシムカ1501まであらゆる種類の自動車をテストした。

1964年ゾルダー・サーキットで、ポールは、フランコルシャン24時間レースに輸入元のディテレン社が3日前にエントリーした4台のVW1500をテストした。ポールは、1954年から1963年まで開催されなかったこの24時間レースを復活させることに貢献した人物だった。

「引退って、どういうこと?」ポールは完全にヘルメットを脱いでしまうことができずいくつかのラリーに参戦することを拒まなかった。彼の参戦は参加者リストに魅力を添えた。特に1961年にアフリカで、彼はシトロエン・チームのDS19のハンドルをジャン・ヴィナティエと分け合ってアルジェ-中央アフリカラリーに参加した。彼らは、ジャンドビアンとビアンキの2台のメルセデス・ベンツに続いて3位で完走し、4位にはもう1台のシトロエンが入った。

1961年と62年には、ニュルブルクリンク12時間ツーリングカーレースで非常に気が合うルシアン・ビアンキと一緒にレースをした。ビアンキが彼に1964年にフランコルシャン24時間レースを復活させるインスピレーションを与えた。
右:この時代のベルギーのトップドライバー3人、オリヴィエ・ジャンドビアン、ルシアン・ビアンキ、ポール・フレールの3人が一緒に写った珍しい写真の1枚である。(スパのニュー・ポートランドというレストランにて)

彼が、テストをしたり、記事を書いたり、旅行をするといった間に、彼はポルシェから彼が特に好きだった2CVに乗換えて家族との時間を作った。1962年、彼の妻のニネッタ、娘のマリアンヌ、マルティン、ニコールと共にイタリアで休暇を過ごすために出発しようとしているところである。

© Famille Frère

1960年か61年、ポールの妻のニネッタが、彼女の夫の初めての本の英語版を誇らしげに見せている。2人の娘のニコールの寝室にはオリヴィエ・ジャンドビアンの写真が誇らしげに飾られている。

ザントフォールトでマルティンが少し不安げに父親から運転を教えられている。

1961年から62年にかけての冬、彼らは度々スイスのディアブレッツに行った。ここでは、ポールはルシアンとスキー教師のルネ・レベールと一緒に映っている。

1958年、ポールの3人の娘たちと両親はフランコルシャンのピットに集まった。

1963年のタルガ・フローリオにて。ポールは、1960年にフェラーリでエントリーしたのに走ることができなかったタルガ・フローリオで不満を感じた。そこで、レースはしないという誓いを破ってミニとロータス・コルチナ使いのイギリス人ジョン・ウィットモアと組んで1963年にミニクーパーでタルガに参戦した。このミニは、リアに2番目のエンジンを搭載したプロトタイプで、後輪の前のフェンダーにエアーインテークが開いているのが見える。彼らは、オーバーヒートに悩まされながら27位で完走した。

映画に登場したポール・フレール

48ページで紹介したように、ポールは1954年の『ザ・レーサーズ』という映画に出ているが、ほかの映画にはあまり出ていない。彼は1966年、当時のトップF1ドライバーを描いた『グランプリ』という映画にも短時間出演している。

1966年のスパ、正確にいうとスパから10分のティーゲムでジョン・フランケンハイマー監督の映画『グランプリ』のいくつかのシーンがホテル・デ・ラ・シャーミルで撮影された。1966年のベルギー・グランプリでレースをした数名のグランプリドライバーが俳優として出演している。この建物はまだ存在しているが老人ホームに転用されている。

上の写真：グラハム・ヒル、ヨッヘン・リント、俳優のジェームス・ガーナー、ギイ・リジェ、ダン・ガーニー、ポール・フレール、ブルース・マクラーレン、ジョー・シュレッサー、俳優のアントニオ・サバト、ジョー・シフェールがベルギー・グランプリの前夜に、路面の質や雨の中でのレース、藁のブロックの位置などの安全性に関しておしゃべりしているシーンである。

反対側：左から、ブルース・マクラーレン、ヨッヘン・リント、ジョー・シュレッサーの影にはフォトグラファーのベルナール・カイエ、その後の松葉杖の俳優はブライアン・ベッドフォード(映画の中では、事故から回復しつつあるドライバーのスコット・ストッダートを演じている)イヴ・モンタン、ポール・フレール、グラハム・ヒル、BRMのチームマネージャー、そして俳優のジャック・ワトソン(映画の中ではジェフ・ジョーダンの役を演じている)。

1970年4月ゾルダー・サーキットで、ポールは、新型の2.4リッターポルシェ911をテストしている。

ポールの個人所有のストップウォッチ。

ポールは、最後となったポルシェ911のミーティングに参加した。彼は、1953年と1958年にル・マンに参加したことがある。このシュツットガルトの会社との親密な関係をいつも楽しんでいた。さらに、彼は何台かのポルシェを所有した。356-1600スーパーに始まり、スーパー90、そしてイタリアで盗まれた911S-2.4リッター、ブリュッセル市内で盗まれた1976年のカレラ3.0、そして彼の意見によればベストだという1982年の3.2リッター。それから2台の993が来る。1台目は1994年に自宅近くで彼がクラッシュさせた。それから2台目の赤を買ったが、その後、友人のアロイス・ルーフがそれを買った。

1967年フランコルシャンにて、24時間レースの直前、911ポルシェ・タルガに乗って。ソフトウィンドウと呼ばれた改造は、ディテレン社のジャン＝ルイ・ヴァン・メルケにより行われた。

1970年4月ニュルブルクリンク(南コース)
ポルシェ908/3ドライビングテスト(917Kの後で)

908/3は、パドックに姿を現してから短時間でコースを走る準備ができていた。私は、このマシンを走らせるために招待されたのだ。このマシンは新型マシン908/3の非常に初期の段階のプロトタイプで、2号車は、その日の午前中いっぱいを使ってハンス・ヘルマンの手でテストが行われていた。2台のマシンともシシリー島に運ばれて、3月に行われたタルガ・フローリオの事前プラクティスを走っていた。さらなる軽量化を目指して、アルミニウム製シャシーのチューブを切ったりつないだりという作業がされた実験的なマシンだった。

2台のマシンはわずかに違ったボディを持っていたが、共に格好良くはなく無愛想な外観だった。これらのボディは、ドラッグを低くすることが主目的ではなく、スポイラーを使わずにかなりの下向きの揚力をもたらし、軽量で小ぶりな寸法に収めることを主眼に風洞を使って開発されたのだ。この一番新しいオープンモデルは並外れた操作性と機敏さが求められる、主にタルガ・フローリオやそのほかの曲りくねったサーキットのために開発されていた。

流体継ぎ手(しばしば冷却ファンを回すために用いられたトルクを限定するような装置ではなく、自動車のトランスミッションの継ぎ手のような作りの)は例外だった。それは、慣性荷重がかかったベルトで以前に体験したような失敗をしないように冷却用の送風機の中に統合されていた。エンジンは前年と比べて変更はなかったし、ホイールベースは、1964年以来の917も含んだすべてのレーシングポルシェに共通な2300mmであった。

しかし、マシン全体は、かなり軽量化されて車重は500kgかそれ以下だろう。前輪の接地性を改善するために、新型の5速ギヤボックスはリアアクスルの前方に位置するので、エンジンをさらに前方に押し出し、ドライバーの足は不細工なノ

1970年4月、ハンス・ヘルマンとポールは新型のレーシングポルシェをテストした。

ーズの前端から数インチの所に来るように着座する。

タルガ・フローリオ用のグッドリッチ製の"スペースセイバー"タイヤが前輪用のホイールに履かされて、それは、緊急時に後輪に履くためにトランスミッションの右側に積まれていた。これは、コースの長さや性格による用心といったものだったので、スペアホイールはプロトタイプのマシンには要求されていなかった。

908の新型は908/03と呼ばれたが、まったく異なる1962年のF1エンジンをベースとした水平対向8気筒の2リッターエンジンを積んだヒルクライム用のタイプ909(1968年の終わりに登場した)から直接開発されたマシンだった。鋳鉄製のヴェンチレーテッドディスクをできるだけ軽量化しようと作動する表面のできるだけ広い範囲にドリルで穴を開けたので、ファクトリーではこのディスクをグリュイエール・ディスクと呼んでいた。

このブレーキディスクは、ブレーキパッドが擦り減ったときの悪影響を警告しなかった。13インチのファイアストーンタイヤを9.5インチ幅のリムに履かせて前輪に用いられた。また、11インチ幅のリムも試された。そして後輪には12インチ幅のリムが用いられた。ドライビングポジションは917よりも中心に近づいた。5速とリバースは、3つの面で仕切られて、中央に向けて強いセルフセンタリングの力が働き、ロッキングメカニズムによりドライバーがあわてて5速から4速の代わりに直接2速に入れてしまうことを防いでいる。

コクピットの仕上げはスパルタンでダッシュボードは917と似ている。

訳者注:908のテキスト記事は別冊CAR GRAPHIC『ポール フレールの世界』に掲載された917のテスト記事と対になっている。

アンチロール・バーの動きは、眼で見て確認できる。ドライビングポジションが、片寄り過ぎているので、アンチロール・バーは、ステアリングコラムのちょうど上を通っているからだ。

このマシンを操縦してみると、この10年間で起きた進歩を考えざるをえない。このポルシェは、私が1960年にル・マンで優勝したフェラーリ・テスタロッサと同じ3リッターの排気量を持っているが、馬力当りの荷重は半分である。このポルシェ製のエンジンから生み出される350馬力から360馬力というのは、3リッターのエンジンとしてそれ程高くはないが、馬力当りの荷重から見ると917に非常に近いが、917程には、どう猛な感じはない。なぜなら、3リッターエンジンは、4.5リッターの水平対向12気筒の中速域での並れたトルクは持っていないからだ。

水平対向8気筒エンジンは、流して走るときには、非常に扱いやすいというのが印象的だ。しかし、本来のパワーは5500rpm以下では出てこない。917と同じ8500rpmのリミットまで回したときに発生するのだ。ところで、917でも同じ85×66mmのボアストロークだが、917のシリンダーヘッドはより狭いバルブ角なので、3000rpmでも使いやすいレンジであった。

このマシンでは、1周するのに5つすべてのギヤを使って走る必要がある。強いセルフセンタリングの作用を持ったスプリングのために4速から3速ではなく確実に5速にチェンジアップするギヤチェンジをマスターするには、ちょっとの間が必要だった。しかし、一度マスターしてしまえば、マシンを操るのは自由自在だった。ハンドリングは素晴らしく、コーナーを回るにはマシンに身を任せれば良かった。特にS字コーナーでは、非常に素早い反応で方向を変えていくのは驚くべきだった。

ギヤチェンジを行わないときこのマシンをドライブと、周り全部を見ることができる視認性の良さと反応の素晴らしさですぐに大きな自信をもたらしてくれる。素晴らしいブレーキは大きな踏力を必要とせず、限界まで踏んでもドラマを起こさずにマシンを減速させる。もちろん、コーナーであまり大きなパワーをかければテールを外側に振り出すが、それを修正するのは非常に簡単だし、タイトコーナーではテールを外側に振り出して曲がって行く方法として使えるのだ。

総合的に、私はこの908/03の方が917と比べてドライバーにとって優しいマシンだと判断した。その結果として私のラップタイムは、908/03の方が良かった。こんなに速いマシンで今まで走ったことがなかったが、着実に慣れてきても、私は、917よりも908/03の方が一体感を持ってドライブできたと感じた。

結論を言うと、917も908/03もこのかなり曲りくねったサーキットに合っていると考えるのだが、917を非常に速く1時間もドライブすると完全に消耗してしまったが、908/03ならば、2倍いやもっと長い時間ドライブしても苦にならないだろう。

© André Van Bever

1970年4月ポールは、909ベルクスパイダーから派生した新型のポルシェ908/3をテストした。翌月、このマシンはタルガ・ノローリオで1、2位を得た。

1970年4月、素晴らしいドライバーとしてのキャリアの後も彼の正確な分析能力のおかげで、ポルシェはポールに新型のレーシングカーのテストを依頼した。
彼の能力は、このドイツの会社の彼に対する信頼に応えたのである。

高速サーキットでは、すべての速度域で非常に違った結果となるだろう。ショートテールの917でも最高速は350km/hに達し(この年のル・マンでは、ロングテールの917はさらに50km/hも速かった)、908/03より65km/hから75km/hも速かった。

私は、この2台のポルシェを非常に楽しんではいなかったが、私のためにこのような機会を与えてくれたことに非常に感謝している。この2台はモータースポーツの歴史の中で金字塔となるべきマシンである。あの有名な1934年から37年にかけてのフェルディナント・ポルシェ翁により設計されたアウトウニオンのレーシングカーが、ドライビングポジションが非常に前に寄っていたのでドライブするのがとても難しかったなどと話を広げるのはナンセンスだとは思うのだが。

私の個人的意見だが、マシンの挙動を私の現在の知識をもって分析すると、このマシンはリアに荷重が大きくかかり過ぎており、細いタイヤとリム、リアサスペンションのスウィングアクスルには常にポジティブキャンバーがかかっているが、このキャンバー角の大きさとトーインの量が、酷いオーバーステアと直線での安定性の不足、ハンドリングの悪さをもたらす原因である。前進したドライビングポジションは、何もこれらの欠点の原因ではないのだ。

ポールの最後の著書(共著)は2008年に出版された。この本は、彼が非常に好きだったメーカーのスポーツカー、ホンダ・シビック Type Rに関する本だった。

　2007年3月5日ポールは、ホンダ・シビック Type Rのテストを彼のお気に入りの道がある自宅近くのアルプ=マリテーム県ヴァンスの近くの高地で行うように依頼された。彼は、このテストをシャシー開発の責任者で、日本から特別にこのために派遣されたエンジニアの秋本 功と一緒に行った。2人はニースを出発して、カーニュ=シュル=メールを通り、海抜1000m程のヴァンス峠を目指した。ポールは水を得た魚のようだった。見晴らしの良い高原を横切り、速くスポーティに(ほかの言葉で表現するなら漫然とではなく)走った。彼らはクルセグルに行き、そこからブレーキを酷使する下り坂を走った。

　彼らは、Le Plan-du-Peyronを前にした海抜1100mのグレオリエールという古い山村まで登り坂を飛ばした。秋本は、いくつかのコメントを黒い手帳に書き留め、お互いの車に対する印象を比較するまでもっとテストを続けることにした。

　2人は、ときどき言葉の壁を破るためや技術的な誤解を避けるために手や足を使わねばならなかった。その後、グレオリエールにあるカフェ・サン・ユベールで素晴らしい朝食を摂った。

　この休息の間に、彼らは、シビック Type Rに関してスポーティな特性と日常の足として使える柔軟性に関して意見の交換を行った。ニース空港に戻るまで、空いた道路を使ってテストを続けた。トルクが豊富な3速ギヤで、シビックは非常に快適なことを秋本は発見した。日本へと飛び立つ前に秋本は尋ねた。「ポール、あなたはいつも今日みたいに速く運転するのですか?」。彼は、「今までゆっくり走る方法を学んだことがなくてね」と返した。

© Stefan Warter

第15章：自分で所有した車

ポールは、1925年製のシトロエン5CVから2007年製のホンダCRXまで何百台もの車を運転したが、そのほとんどは非常に良い出来の車だった。彼は日常の足として使える車が好きだったので、2CV、フィアット600、フィアット2300S、ポルシェ356を2台乗り継いだ後、フィアット124スパイダーを買った。それから、1968年にBMWアルピナを買ってから、次々と4台の911を買った。2.4リッター、3.2リッター、そして2台の993であった。最終的には、ホンダCRXが最後の車となった。彼の最悪の体験は、1956年に買ったベルトーネがデザインしたアルファロメオ・ジュリエッタで、「私が所有した車の中で、最も信頼性に欠ける車」と評している。

1966年、ニースを囲む山岳地帯のコル・ド・ブラウにて、ポールと新しく買ったフィアット2300Sギア。彼は、2台のポルシェ356の後に買ったこの車に非常に満足して6年間所有した。左側の写真は、所有はしなかったが、ポールが愛した2台の車、ポルシェ964と有名なホンダNSXである。

ポールは1959年と60年、第4回と第5回のラリー・ド・アンセートル(クラシックカー・ラリー)に娘の中の2人を連れてシトロエン5CVトレフルで参加した。この車は、1925年、彼が8歳のときに初めて運転した伯父のボブ・シンプが持っていた車と同じタイプであった。彼は、1994年までこの車を所有し続けたが、ジャーナリスト仲間の友人に託すことにした。

1959年、ポールがアストンマーチンDBR1でル・マン24時間レースに出ていたときの彼の個人の車は、1600スーパーの後に買ったブルーの356Bスーパー90クーペだった。それは、前の車と比べてずっと速いわけではなかったし、快適性では劣ったので少しがっかりさせられた。

ポルシェを買う前に、1956年にツール・オートで運転した影響で、彼はベルトーネ・デザインの1300ccアルファロメオ・ジュリエッタ・スプリントを買ったが、それは、彼が買った中で信頼性が最悪だった。

1983年、ポールは、翌年の3.2リッターモデルのすべての装備を盛り込んだこのポルシェ3.0SCを買った。彼は「これは私が所有した中で、最高の性能を持ったポルシェだ!」と言った。彼は、これを11年も所有し、テストや分析したコメントを車の中に常備していたノートに書き留めていた。彼はそれをポルシェの本社に送った。シュツットガルトでは、彼が推奨する変更を採用して彼の車を改善してくれた。このクルマは彼の孫のアルノーが所有することになったが、今もこのノートは車の中に備えられている。

1985年、ポールは子供のころからの知り合いであるイタリア人一家と11年も交渉してこの1950年製のフィアット・トッポリーノ・ジャルディネリアを買った。持ち主の死後もオリジナルの状態で残されていたこの車をフィアットはトリノで完璧にレストアしてくれた。

ポールは、1968年に買ったポーフェンジーペンによりチューンされたこのBMW2002Tiアルピナが好きだった。「あれは、まるでロケットみたいだった」とポールは気のきいた表現で説明した。彼は、この車を4年間所有しピエール・デュドネに売った。最高速は204km/hで、何の準備もせずにスタンディング1kmでの加速は27.25秒だった。

彼の最後の車は、このブラックのホンダCRXである。現在は、孫のフレデリックが所有している。1992年、ホンダは、彼に初期型の1.5リッターモデルを提供した。それから、1600ccのモデルに置き換わり、最終的には、1.6リッターのVTECとなった。ポールはこの車を非常に愛し、最終的には自分の車として持っていた。彼は、前輪駆動の車を所有しないと宣言していたのだが、その誓いを破らせたのはこのホンダ車だった。

"いつの日か、自動車は新しい種類のエネルギーで動くようになるだろう、そして、一度高速道路に乗れば、ボタンを押すだけでA地点からB地点まで乗客を運ぶ交通手段になってしまうだろう。そんな日々を決して見ることはないだろうから私は嬉しいのだ。"

ポール・フレール 2006年10月

ポールの数少ない事故

本能のままに行動する人と思案しながら行動する人がいるなら、ポールは後者に属するだろう。もし彼の70年以上にわたるレースやテスト、記録挑戦、踏査そして個人的な旅行などで走った走行距離に比べれば、彼が起こした事故の数は非常に少ないだろう。

正しい走行ラインを見つけることが好きだったし、機械的なことに関しての理解もあって彼は紳士的ドライバーとしてステイタスがあった。そのため彼は信頼が置ける自動車メーカーを選べた。彼には家庭人としての責任があり、ジャーナリストとしてのプライドもあった。これらのすべてが運転しているときの彼の慎重さと彼に起きた事故の少なさを説明している。

彼は、1955年のスウェーデン・グランプリでENB(ベルギー・ナショナル・チーム)のフェラーリ500TRで衝突事故を起こした（写真）。1956年のミッレミリアではラディコファーニ峠でコースアウト、1956年のニュルブルクリンクでジャガーDタイプに乗って大きな衝突事故を起こしたが、無傷だったのはまさに奇跡だった。続く1956年のル・マン24時間レースでは第2周目に事故を起こした（写真）。1958年のモンテカルロ・ラリーではボルクヴァルトに乗っていて、氷結した道路でコースアウトが1回、事故はそんな程度であった。

彼のプライベートな生活では、クールシュヴェルで大きなスキー事故にあった。初心者を避けようとして木に衝突したのだ。2001年には自宅の近くでトラックに接触してモーターサイクルから振り落とされるという非常に大きな事故にあっている。それにもう2つの大きな自動車事故がある。1993年、ポールは悪天候の中、知り尽くした道を彼の新型ポルシェ993に乗って帰宅途中にクラッシュしたが擦り傷も負わなかった。しかし2006年9月に起きた最後の事故では死ぬかもしれなかった。彼は、ニュルブルクリンクでホンダ・シビック・タイプRのテストを(再び)行っていた。そしてサーキットからレンタカーで立ち去ろうとして、間違った道を走っているのに気づき、あまり考えずにUターンしようとして反対方向から来た車と衝突したのだ。衝撃は凄まじく彼はかなりの重症を負った。彼は89歳だったが回復したのであった。

第4部

Tributes 赞辞

ポールの3人の娘達、
マリアンヌ、マルティン、ニコールからの賛辞

「父は、偉大な男でした。」

1993年のル・マン24時間にて、ポールと娘のマルティンは、父が愛したサーキットで一緒だった。彼女はポール・フレールの名前がサインされたスウェットシャツを着ているが、これは日本人から教わったマーケティングだったという。

　私達はフレール家の三姉妹です。父はいつも息子なんて欲しいと思ったことはないと言っていました。そして、彼は競争が好きでした。自転車でも水泳でも、水上スキーでも、スクラブルという盤面で文字を並べるゲームでも麻雀でも、とにかく勝たなければならなかったのです。

　父はかなりの早起きで8時前には起きていました。いつも機嫌がよくオペラの一節を口笛で吹いていました。私達が幼いときから、父は私達と一緒にスポーツや体操、語学、クラシック音楽などの趣味をやっていたので、それが私達の性格にも影響を与えていました。

　休暇のときには、父は私達をイタリアの小さな田舎道に連れて行って、毎年の夏の移動の足だった2CVを使って運転を教えてくれました。それは私達3人がクルマ酔いになったときに父の飛ばし過ぎを止めさせる唯一の方法でした。そのおかげで私達は3人共18歳になる前に運転ができるようになっていました。

　私達は思春期になったころ、ほかの初心者と共にザントフォールトやゾルダーで運転技術を完璧にするためのレッスンを受けました。その中には、初心者だったジャッキー・イクスもいました。ブリュッセルには、父の忠実な秘書で3人の子供の母親でもあったジネッテ・ヴァン・ギームがいました。父は彼女の所に行って原稿を口述筆記させていました。彼女は、ハードカバーの手帳に速記して、夜になってタイプライターで清書していたのです。

　父は太陽を愛していましたが、ベルギーは太陽が一杯の国ではありません。そこで、たくさんのミルクチョコレートを食べることで埋め合わせをしていました。ジネッテは父が着くころに200gのチョコレートバーを用意しておくのですが、夜の終わりまでに全部食べてしまっていました。

　後に父がスザンヌと結婚したとき、太陽に溢れるヴァンスの庭が彼のオフィスになりました。彼は、電話機とタイプライターを載せた小さなテーブルをあちこちに移動させながら太陽を浴びていました。どれもこれも彼が愛したものです。

父は、1日に1回は仕事を中断して、42mプールで500mを泳いでいました。これはスポーツマンとしての良い体型と精神を保つのに必須でした。冬の間は水泳からヴァンスの峠を自転車で登る運動に切り換えていましたが、いつも今までの記録を塗り替えようと挑戦していました。

私達が記憶する父は実に勤勉でした。その日の原稿を書き終えると目星を付けていた人気のない道や工場地帯で、高速で車を走らせるテストに出かけてました。遅い時間には警察も網を張っているはずがない場所を熟知していました。彼の心は、完全に自動車のために捧げられていたので、日常生活では非常に気ぜわしい人でした。そして、いつも遅く帰って来ました。

父はその言葉が作り出される前からヨーロッパ人だったのです。父は自分の本をいくつもの言語に翻訳してました。私達は、父がレースする姿をフランコルシャン以外には見に行ったことがなかったのですが、父が優勝した年のル・マンに行っていたのは偶然でした。シャンペンが無料で振る舞われ、私達は初めて疲れてホロ酔い気分となった父を見ました。

私達が学業を終えると、父とはしばしばサーキットで会うようになりました。私達の夫や息子達も父の崇拝者でした。いろいろなコーナーでドライバーが取るラインを見ながら、父はさまざまなコメントをしてくれました。

1992年、スザンヌはマツダの協力でキャステレ村にあるポール・リカール・サーキットで父の75歳の誕生パーティを主催してくれました。父は、その前の年にル・マン24時間レースに優勝した

マツダのレースカーに孫達を乗せてサーキットを走ってくれたので、彼らは自分達のオジイちゃんとの忘れられない思い出を作ることができました。孫達にとって、15歳のときに300km/hの世界を体験させてくれる自分のオジイちゃんはヒーローでした。それは、素晴らしい成功だったのです。

当時、私達の息子は虫のように父にまとわりついていました。父がベルギーに帰ってきてスパ24時間レースを観戦しに行くときは毎年付いていきました。80歳を過ぎても、夜になれば父は自分の車の中で眠り、朝になるとサーキットまで歩いて行ってマシンが走るラインを何度も何度も観察していました。

今日、私達の子供達が、エンスージアストとしての父の思い出を生き生きと引き継いでいてくれています。実際、父の曾孫達は父には会ったことはないのですが、偉大なオジイちゃと呼んでいます。彼らは、本当の意味で父が偉大だったことを知っているからなのです。

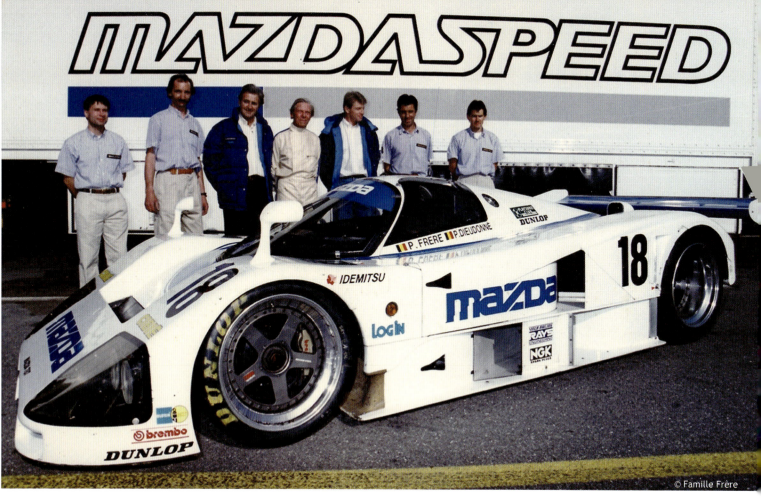

**1992年2月
ポール・フレール氏75歳の誕生日**

**プレゼントは
「ポール・リカール・サーキットにおけるマツダ787の試乗」**

ユーグ・ド・ショーナック氏の回想
「マツダがロータリーエンジンという革新的な技術を導入したとき、誰もがそのエンジンが高速で長距離を走れるものとは思わなかった。そして日本車のレース界での存在感は希薄だった。それだけにマツダ787Bの勝利は素晴らしいインパクトを与えてくれた。なぜなら誰もが期待していなかったからだ」

（右下の写真）
787を囲むポールさんのご家族。娘のマリアンヌさんを除きすべてのご家族を助手席に乗せてサーキットを周回したが、ポールさんは75歳になってもこのようなクルマのハンドルを握ることができることをみんなに示せたことを心より喜ばれた。

（左下の写真）
ポール・フレール、ピエール・デュドネ、そしてORECAを1972年に設立したユーグ・ド・ショーナックの3氏。ユーグ・ド・ショーナック氏はコビー・小早川さんからポールさんへの誕生日プレゼントである、ル・マンで優勝した787Bに非常に近いクルマ（787）によるこのイベント実現のためのキーパーソンでもある。

Le Mans 4th May, 2003

ウォルフガング・ウルリッヒ博士からの賛辞
(20年間アウディ・モータースポーツの責任者)

ポール・フレールを一人の人として知り合い、長い間彼のことを重んじてきたことは私にとって大きな幸運でした。アウディが、モータースポーツのワークス活動を始めるずっと前からポール・フレールは20世紀の中期における優れたレーシングドライバーだったのです。彼はモーターサイクルのレーサーであり、フォーミュラ1で表彰台に上ることを達成し、1960年にはル・マン24時間レースで総合優勝に輝きました。

彼は、プロフェッショナルなエンジニアであり、何十年にもわたってジャーナリストとして活動してきました。たくさんの著作がありますが、アウディ・クワトロに関しても彼は共著の本を出しています。長年にわたり、彼はル・マン24時間レースへと足を運び、いつもアウディを訪れてくれました。質問をしなかったプレス会見は一度たりともなく、歳を取っても知識に対する渇望を持ち続けていたのです。私は彼が質疑応答をオープンに行う典型的な人間だったことを覚えています。

彼のレーシングドライバーそしてジャーナリストとしての知識と経験は、非常に価値があるものでした。彼は、非常に広い範囲での活動を追求していましたが、それはなんらかの形でモータースポーツに関連するものでした。彼は深い知識を持ち、レーシングドライバーの世界でもジャーナリストの世界でも広く受け入れられることを楽しんでいました。こういうことにより彼は素晴らしい権威者となり、彼の個人としての立居振舞はこれを裏打ちしていたのです。

2003年のル・マンで、彼が私達のR8 LMPプロトタイプをテストしたときのことは、私の記憶に刻み込まれて永遠に残っています。彼は、気楽にテストしたいと言ってくれたのですが、私達はテストを実現できるかを慎重に検討しなければなりませんでした。というのもそのときポール・フレールは86歳だったのです。この歳でそれができるのは、彼以外にいないことも私は知っていました。アウディの広報と共に私は前向きな決定をしました。それは正しい決定だったのです。

ポールがそれまで運転したことがない現代の非常に速いレーシングマシンを操るのを見て私達全員が非常に感銘を受けたのです。彼は即座にテクノロジーに適応し、いともたやすくすぐにこのクルマを扱うことは驚きでした。さらに数周彼を走らせてあげれば疑いなく素晴らしいことだったでしょう。しかし残念ながらこの5月のテストでは、私達の思い通りにできるさらなる時間はありませんでした。

しかし、彼はこの短い時間でも普通ではないことを達成していたのです。彼のドライブに関しては正式なタイム測定は行われていなかったのですが、私達は後でデータを見てみました。彼のフライングラップのタイムは、多分2003年のル・マン24時間レースの予選通過ができたタイムでした。それは、私達にとって感銘以上のものでした。

私は、彼のことを本当に偉大なパーソナリティを持った人物としてこれからもいつも覚えているでしょう。ル・マンにおけるアウディのプレス会見で聴衆を見るたびに、私は彼のことを懐かしく思うのです。彼は、この会見場の部屋を自分のパーソナリティで満たしていました。

Le Mans 4th May 2003　2003年5月4日ル・マンにて

ル・マン24時間レースに、仲間のジャーナリスト兼ドライバー、リヒャルト・フォン・フランケンベルクと一緒にポルシェ1500RSに乗りクラス優勝してから50周年として、アウディは、ポールに素晴らしい記念のプレゼントをした。フランク・ビエラが、アウディRS6に乗せて新しくなったサーキットを回ってくれた。ウルリッヒ博士は、アウディR8をコントロールするボタン類に関して簡単に説明したのだが、ポール曰く"これらのボタンは、何のために付いているんだ！訳が分からん！"

ポールの語るストーリー
「それは、信じられない体験だった。」

「招待は挑戦のようなモノだった!」2003年2月アウディV6TTの発表会がモナコで開催されたとき、主催者の1人が私に言ったのだ。「もし、今日、あなたがアウディR8(このマシンはそれまで3年連続でル・マン24時間に優勝していた)をテストしてみないかと依頼されたらどう答えますか」。躊躇する間もなく私は答えた。「両足でジャンプして飛び乗るさ!」。

発表会の主催者の1人、ペーター・オーベンドルファーは、私の言質を取ると、新車のアウディR8の運転に招待してくれた(このマシンは、翌2004年のル・マンで4位完走した個体だった)。2003年5月4日に行われたル・マン24時間レースのテストデイの13時から14時の休息時間に行われることになったが、アウディ・スポーツの責任者、ウルフガング・ウルリッヒ博士は、このテストを非常に真剣に考えて、私は前日の16時にシート合わせに来るよう要請された。

私が到着したときには、マシンはヘッドレストの両側に私の名前を入れ、私がワークスドライバーとしてすぐに走り出してレースができるような申し分のない姿で準備されていた。シート合わせは2時間以上にわたって続けられた。私は、総カーボン製のいくつかのシートを試し、一番良かったものに発泡ゴムや粘着テープなどで私を完璧にサポートするよう修正が施された。また、バックルを付けたシートベルトも完璧にセットされた。

メカニック達がシートを準備している間、ウルリッヒ博士は、数あるボタンやスイッチ、さまざまな色の警告灯の役割を私に説明してくれた。ほとんどのスイッチは私には関係ないものだった。取り外し式のステアリングホイールはドライバー交代を速めるためのモノだが、それにもバックギヤ、ニュートラル、ピットでのスピードリミッター、トランシーバーなど8つのボタンが付いていた。

ダッシュボードの液晶画面では、レブカンターが常に動いているだけで、ほかは5個の警告灯が2つのグループに分かれて配置されているのみだった。シフトアップする回転数に達すると光で教えてくれるようになっていたし、1つのスイッチはエンジンの回転をコントロールするものだった。別のは過給圧のコントロール、他に予備の燃料ポンプを作動させたり、自動スタート用のスイッチだった。

さあ、スタートさせる時間がやってきた。マシンに戻り、スタートまでの時間が永遠に続くように感じられた。私のテストする時間は、太陽に照らされた雪のようになくなって行った。さらにはスタートしてからサーキットを1周する間はカメラカーの後を走らなければならなかった。

最終的に私は、真後ろにある600馬力を自由に解き放った。1周しか走る時間がないとコースに出るときに告げられていた。"1周だけ? そんなのないよ!" 私はつぶやいていた。私はサーキットが閉鎖されるまで10分残っているのを確かめていた。最低もう2周できそうだった。そういうわけで、私は、第1周目の終わりにピットに入るのをパスして走ったが、2周目の終わりには、コースマーシャルが、フォードシケインで私の行く手を阻んでピットレーンに向わせたのでどうすることもできなかった。

「このアウディR8は、私が今までドライブした中で疑いなくベストなマシンだね!」

© Audi Motor Sport

1976年に初めてポールさん、スザンヌさんにご来社いただいた折のマツダ迎賓館における松田耕平社長も交えての歓迎夕食会。

1983年、前輪駆動626のテストの際、ニース近郊ヴァンスのポールさんのご自宅で。

三代目RX-7の開発にあたっては、重量軽減に鋭意注力した。この写真はマツダのVEセンターと呼ぶところで行った6回にもわたる「ゼロ作戦」と名付けた重量軽減作戦の一環のもので、1989年のポールさんご来社時のもの。最終的には100kgにおよぶ重量軽減を実現することができた。

2000年に米国『ロード&トラック』誌の企画によりル・マン優勝車と三代目RX-7の進化型の試乗が三次試験場で行われたときのもの。当時RX-7およびロードスターの主査だった貴島孝雄さんと共に。

1989年マツダはシシリー島のタルガ・フロリオ・サーキットで2代目RX-7のプロモーションフィルムを撮影、ポールさんに加えてタルガ・フロリオで3回の優勝記録を誇るシシリーのNino Vaccarella（ニーノ・ヴァッカレラ）さん、日本から山口京一さんにも参加いただくことができた。

1991年の三代目RX-7国内市場導入時の伊豆におけるプレス試乗イベント時の写真。ポールさんを囲むのは、ジャッキー・イクスさん（ル・マンで6回優勝!）、寺田陽次朗さん（ル・マン挑戦29回）、山口京一さん、小早川。

2000年に、三次試験場で米国『ロード＆トラック』誌の企画により1991年ル・マン優勝車マツダ787Bのハンドルを握るポールさん。

ポール・フレールさんをしのぶ

小早川 隆治
元マツダエンジニアで現在はRJC会員、フリーランスモータージャーナリスト

　初めてポール・フレールさんご夫妻にお会いしたのは1976年、4年間のアメリカにおける技術駐在から帰国して海外広報に移籍した私の最初の業務として、日本の著名な自動車ジャーナリストでポール・フレールさんの友人でもあったジャック山口（山口京一）さんのおすすめを受けてご夫妻を広島にお招きしたときだ。そのころマツダでは第一次エネルギー危機直後のロータリー車の燃費問題に起因した北米市場における苦戦をカバーすべく、欧州市場の拡大も視野に入れて後輪駆動の初代323の開発が山場をむかえていた。マツダにお越しいただいたポール・フレールさんからは、開発中の323、さらには欧州マーケットに対する幾多の貴重なご意見を頂戴するとともに、三次試験場におけるポールさんの目も覚めるような運転技術にすべての関係者が頭を下げた。加えて輸出市場向けは水平基調のグリルに変更することにしたのは、奥様のスザンヌさんから323のフロントグリルデザインに対する貴重なご意見があったからだ。

　以来スザンヌさんの体調が長距離旅行に適さないようになるまでは毎年のように必ずご夫妻で日本に来ていただき、後輪駆動626、2世代目の前輪駆動323、同じく前輪駆動の626、さらには2世代、3世代RX-7など、開発中の多くのモデルに対する貴重なご意見をいただくことができた。ポールさんが開発段階における欧州現地テストの大切さを繰り返し主張されことを受けて、マツダはいくつものチームを欧州に派遣、そのたびに南仏の厳しい山間路はもちろんドイツのニュルブルクリンク・サーキットなどにおけるテストも含めて数多く参画いただくことができた。ご夫妻で来日の折には広島に加えて各地の史跡にもご案内し、お二人そろってお好きだった各種の日本料理も味わっていただいた。

　1980年代初期からはマツダとアドバイザー契約も結び、開発技術者を対象にしたドライビングスクールも開催していただくとともに、三次試験場内のグローバルサーキットの一部にポールさんご推奨の南仏の山岳道路を再現した。私が1980年代半ばに開発に復帰、担当することになったRX-7プロジェクトに関しても素晴らしいインプットをいただくことができた。私が当初から開発を担うことになった三代目RX-7は、「RE Best Pure Sports」（ロータリーエンジン車でなければ実現できないベストピュアスポーツカー）を商品コンセプトとし、重量軽減、低重心化、ヨー慣性モーメントの低減などを徹底、セクシーなデザインとともに馬力あたり5kg以下のパワートゥーウェイトレシオの実現を目指した。ポールさんには三次はもちろんニュルブルクリンク・サーキットなどで試作車を評価いただき、目標とする性能を実現することができた。

　ポールさんの一連の提言は大変素晴らしいもので、欧州のドライビングコンディションにおける動的特性の点でマツダは日本車の中で際立つものとなった。さらには今日マツダが標榜する"Zoom-Zoom"（運転する楽しさ）はポールさんからの貴重なアドバイスがその原点となっているといっても過言ではない。

　非常に幸いなことにポールさんの来日プログラムにはすべて私が関与、私の家族もいろいろなチャンスに

お会いすることができた。また私がニース近郊にあるご自宅に何度もお邪魔し、時には私が作った日本食をご夫妻に大変喜んでいただいたのは忘れられない思い出だ。2005年、ミシュランフォーラムで来日された折には横浜周辺をご案内した後、都内で家内、娘と夕食をご一緒することができた。娘がご夫妻と初めてお会いしたのはわずか2歳のときだったが、このとき娘はすでに結婚していた。しかしこれが不幸にもポールさんとの最後の出会いとなった。

　ポールさんとの度重なるイベントの中で私がいつも感銘を受けたのはそのお人柄、紳士の振る舞い、公平で決して妥協を許さない姿勢、クルマに対する素晴らしい見識、そして見事な運転技量だった。またポールさんの助手席に何度も座ることができたが、そのスムーズで素晴らしく早い運転に加えて、まるで奥様に対する対応にも似たクルマとの非常に優しいコミュニケーションが深く印象に残り、私は今でも少しでもそれに近づきたいと願っている。

　ポールさんとル・マンの関係も素晴らしい。何年か前になるが、ポールさんが「今身に着けている時計は、私とル・マンとの付き合いの50周年を記念してACO（ルマン24時間レースのオーガナイザー）から贈られたものだ」と見せてくださったことがある。マツダが参戦しているときには必ずマツダのテントやパドックを訪ねてくださるとともに、みそ汁を喜んでいただいた。1991年、私がマツダのモータースポーツ責任者だった折には、深夜にダンロップブリッジに通じるプレス専用通路を案内いただき、順位を上げてきたマツダ787Bを身近に確認するとともに、優勝した折には心から祝福をいただいた。ポールさんの書かれた『My Life Full of Cars』の表紙でFerrariのハンドルを握るポールさんが着ておられるのは1991年のマツダチームのジャケットだ。

　ポールさんの75歳の誕生日には小さな贈り物をすることができた。誕生日に先立つ1、2カ月前にお電話をいただいた。「誕生日にポール・リカール・サーキットで、マツダのル・マンカーの助手席に孫や親せきを乗せて走ることはできないだろうか？」というものだった。ラッキーにもマツダのル・マン挑戦で大変お世話になったORECAにマツダのル・マンカー（787）が1台残っていたので、早速ORECAのHugues de Chaunac（ユーグ・ド・ショーナック）社長に電話したところ、喜んで協力するとの即答を得ることができた。このイベントは1992年の初めに行われたが、ポールさんは14人のお孫さんや親戚を乗せて69ラップも周回し、「おじいちゃんはまだ若くて本当は75歳ではない」ことを示されたという。ポールさんが亡くなったという悲しいお電話をスザンヌさんからいただいた折に、ポールさんが最後までこの「誕生日プレゼント」を心から喜んでおられたということをお聞きした。

　ポールさん、安らかにお休みください。

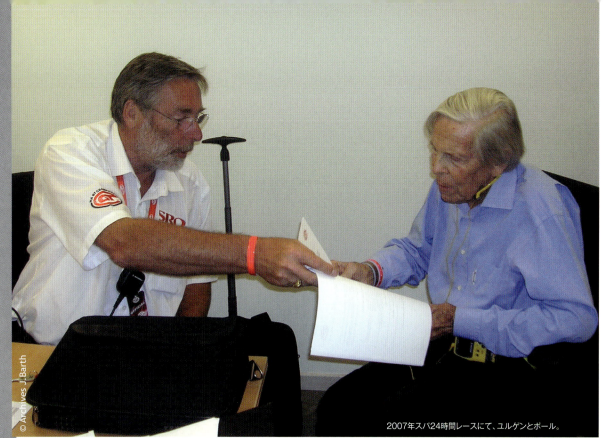

2007年スパ24時間レースにて、ユルゲンとポール。

ユルゲン・バルトによる追悼

(元レーシングドライバー、エンジニアにして、現在ジャーナリストであり、ポルシェに関する歴史家。1958年にポールがル・マンを走ったときのチームメイトだったエドガー・バルトの息子である)

　私の家族が東ドイツから逃れてきたころ、私の父とポールは本当に仲の良い友達でした。ある日、父はあるレース中にポールの命を救ったことを話してくれました。ポールが事故を起こしたとき、父は最初に止まって彼を救い出したドライバーだったそうです。残念なことに私はその事故がどこで起こったのかを覚えていないのです。

　フシェケ・フォン・ハンシュタインが率いていたポルシェ本社の広報部で私が働き始めたころに私もポールと付き合い始めました。特に新型車を特別に限定されたジャーナリストに披露したとき、彼は本当に素晴らしいメンバーの1人でした。そんなこともあって、ポールは働き始めからいつも親しい友人でした。彼は非常に特別な人でした。今日、私は彼がなし遂げた仕事に非常に大きな敬意を払っています。

ユルゲン・バルト　2013年11月30日

1958年ポールはエドガー・バルトと一緒に750ccの小さなNSUに乗りアルゼンチン・ロード・グランプリに参戦した。彼らはこのチシタリア・ポルシェを発見し、ヨーロッパに持ち帰った。

© Archives J.Barth

訳者注：ポルシェTyp 360

　ドイツの敗戦後、タイガー戦車の開発等で戦争に協力したという理由でフェルディナント・ポルシェ博士は、逮捕されフランスで勾留されていた。オーストリアの寒村、グミュントに疎開させていたポルシェ設計事務所を守る息子のフェリー・ポルシェやカール・ラーベ達は、フォン・エベルホルストの助けを借りて、イタリアの資産家、ピエロ・ドゥジオが起こしたチシタリアから過給器付1.5ℓグランプリマシンの設計を請け負った。この設計料が、フェルディナンドの保釈金に充てられたという。

　1950年から始まったフォーミュラ1グランプリレースの規定に合わせたミッドシップに積む水平対向12気筒（180°V12気筒タイプ）エンジンは、ボア×ストローク＝56×50.5mm、総排気量1492ccで、2基のルーツ式スーパーチャージャーで過給され、300馬力/8500rpmを出し、フロントは、トレーリングアーム。リアはドディオン式のサスペンションを持ち、時代に先駆けた4輪駆動システムを持っていたのが、特徴であった。1947年に完成した設計図を基にイタリアのトリノで製作された1台のみのチシタリア・ポルシェは、サーキットで試走する所まで漕ぎ着けたが、ピエロ・ドゥジオの事業が行き詰まって、ヨーロッパでは一度もレースに出る事はなかった。1951年まで続けられた開発で、ベンチテストでは、385馬力／10500rpmを出したという。1952年からワールドチャンピオンが2ℓ自然吸気エンジンのフォーミュラ2規格のマシンで争われることになってレース活躍の場を無くし、アルゼンチンに送られて現地でのフォーミュラリブレのレースに数度出たらしい。1959年11月ポール・フレールとエドガー・バルトがNSUに乗ってアルゼンチンでのロードレーシング・グランプリに参戦した時、現地でNSU輸入代理店を営むアントンとペーターのフォン・ドリー兄弟が悲惨な状態から救出して隠していたこのTyp 360を発見してドイツのポルシェAGに知らせた。このマシンをアルゼンチンからドイツに持ち出す時には映画のようなストーリーがあったそうだが、ポルシェAGが買い取って現在シュツットガルトのポルシェ博物館に展示されている。

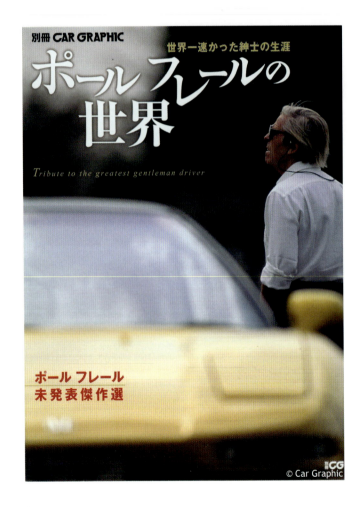

PF先生を偲ぶ

小林 彰太郎

　僕はむかしから、状況の許す限り全速でかっとばすのが癖(悪癖?)だったが、他人(ひと)と少し違うのは、車に関する本を読むことも運転と同じくらい好きだったことだろう。新橋内幸町に海外出版貿易という小さな洋書屋があって、そこの書棚にある車関係の洋書を、ポケットに金があれば片っ端から買い込んだ。なかでもおおいに参考になったのは、『The Autocar』のスポーツ・エディター、Sammy Davis の著わした『Car Driving as an Art』という教則本だった。当時の僕は、なんとか他人より速く走ってやろうと日夜考えていたが、教えてくれる先生がいないので、運転はまったく自己流だったと思う。だからこの本を貪るように読んで猛練習したのである。

　その数年後だったと思うが、同じ海外出版貿易で、Paul Frèreという未知のベルギー人ジャーナリストの著した『Competition Driving』という本を発見した。さっそく買って息もつかずに読了し、深い感銘を受けた。それは1960年ルマン24時間レース優勝を頂点として、モータースポーツ全分野にわたる10年間の実体験を背景に、確たる理論に基づいて書かれたドライビングのバイブルだったからだ。年季の入ったCG(Car Graphic)読者ならご存知のように、この名著は1966年に『ハイスピードドライビング』として二玄社から翻訳出版された。翻訳は、大学で知り合って以来無二の親友となった武田秀夫君(後に第1期ホンダF1の足回り設計者となる)と筆者である。以来版を重ねて、二玄社の隠れたるロングセラーになっている。

　しかし書物で理屈は理解できても、読んだだけで操縦が上手くなるわけではない。そんな折も折り、新着の英国誌『The Motor』を見たら、このポール・フレール(PF)がサーキットを使って講習会を主宰しているではないか。長い話をまとめると、PF先生はCGのたっての希望を容れて、愛妻のスザンヌさんともども1969年春に来日された。そして2週間にわたり鈴鹿サーキットを舞台として、日本初の本格的なレーシング・スクールを開催されたのである。これにはわれわれCG編集部員も全員参加して、2日間手とり足とり(?)親しく教えを受けた。このPFレーシング・スクールの記事はCG誌1969年6月号に詳しい。

　いまとは違って、鈴鹿サーキットにはまともな洋食を食べられる場所がなく、あるものといってはうな丼と寿司のみだった。意外なことに夫婦はお二人ともこれが大好きで、ついに丸2週間というもの寿司とうな丼だけで過ごし大いに満足された。スザンヌさんは和食がすっかり気に入って、フランスでは手に入りにくいこまごました品々を買って帰られた。以来彼女のハンドバッグには、いつも小さな醤油のビンが潜んでおり、レストランなどへ行くと肉などにそれをひそかに取り出して使う。そしてこちらと目が合うと、悪戯っぽく微笑むのがいかにも可愛らしかった。

　鈴鹿の講習会の後PF夫妻は10日間滞在、その間にホンダ、日産・プリンス、いすゞ各社のほか、国産のYS11ターボプロップ機に乗って広島のマツダにお連れして、サーキットやテストコースで最新型生産車とレー

シングカーに次々試乗、技術者たちと討論した。PFの信用はどこでも非常に高く、普通ならジャーナリストには決して見せないプロトやレーシングカーにも試乗を許された。

FISCOではニッサンR380、いすゞのテストコースではベレットGTレース仕様をテストすることができた。これは双方にとって非常に有益な学習だったと思う。1969年の初来日がきっかけとなって、以来PFは毎年のように訪日され、われわれとの親密な関係は約40年にも及んだのである。

ここでPFをいつも身近から見ていたひとりとして、いくつかの挿話を披露しよう。PFの"泣き所"は、さすがにベルギー人らしくチョコレートなのだった。それも甘いクリームなどの入っていない、ソリッドで厚い板チョコに限る。10年ほど前、急速に発展してきた韓国の自動車メーカー4社をご一緒に歴訪取材したことがある。ところが当時の韓国にはPF好みの板チョコがどこにもなかった。ホテルのショップをはじめ、あちこち探しても売っていない。チョコレート抜きの日が5日ほど続くと、さすがのルマン・ウィナーも"禁断症状"を呈してきた。もうだめかと思ったそのとき、ソウル空港で明治の厚い板チョコを発見した。そのときのPFの喜びようといったらなかった。

PFには一度運転を褒められたことがある。それはたしかリヨンにほど近いクレルモン・フェラン周辺で行われた、ルノーのテストに参加したときだと思う。PFは当時世界最大の4気筒前輪駆動車ランチア・ガンマに乗ってやって来た。ガンマは2484cc（102×76mm）という大排気量のフラット4を、前車軸線より前方にオーバーハングした大型ベルリーナである。いわばアルファスッドを1倍半くらい拡大したと思えばいい。出力は140ps／5400rpm、最大トルクは21.2kgm／3000rpmで、5段ギアボックスを備える。クレルモン・フェランまではどうやって来たのか忘れたが、PFは親切にもニースまで運転して行け、とのたまう。大先生を隣において操縦するのは少々気が引けたが、もうやるっきゃない。

初めて乗るガンマはさすがにランチアで、大きなFWDとは思えないほどハンドリングは優秀だった。まさに大きなアルファスッドで、限界近い速度でもほとんどアンダーステアが気にならない。大排気量車だけのことはあり、中速トルクも充分で、頻繁なギアチェンジの要もない。1時間あまりで目的地に着くと、PFはちらっと時計に目をやり、ウンいいタイムだと言われた。秘かにタイムを測っていたのである。

今回この文を書くに当たり、PFにお願いして書いていただいた自叙伝『いつもクルマがいた』を読み返してみた。そして改めて強く思ったのは、彼ほどの"ジェントルマン・ドライバー"は空前にして絶後だろうということだった。CG読者に代わり、哀心より御礼を申し述べたい。

詳しくはHONDAのWebサイトへ

ポールと小林彰太郎
小林氏は日本で最高のクオリティを持つ自動車雑誌Car Graphicの初代編集長で後に編集局長となった。ポールと小林氏は非常に親しい協力関係を続けた。2008年この雑誌はポール フレールへのオマージュとして特別の敬意を払った150ページの特別号を出版した。残念ながら日本語版しか存在しない。

2008年Car Graphicはポール・フレールへのオマージュとして特別の敬意を払った150ページの特別号「ポールフレールの世界」を出版した。残念ながら日本語しか存在しないので著者は、読むことができなかった。この特別号を編集した河村昭とポール・フレール

ポール・フレールと『Car Graphic』誌とのつながり
宮野 滋

　自動車ジャーナリスト、ポール・フレールの存在を広く日本の自動車愛好家に知らしめたのは、まだCARグラフィックと表記されていたころの『Car Graphic』誌 (以下CG) にて発表された記事の数々であった。初代編集長を努めた小林彰太郎氏が東京の洋書店で発見したポール・フレール著『Competition Driving』をホンダF1の車体設計に携わった東京大学同期生のエンジニア武田秀夫氏と共同翻訳し、二玄社より『ハイスピードドライビング』として出版されたのが1966年のことである。

　PanAm航空のロンドン支店に勤務しながらCGのヨーロッパ通信員を務めていた山口京一氏がポール・フレールに手紙を送り、フェラーリ330GTCのインプレッションが1967年3月号に掲載され、以来ポール・フレールによる記事はCGの目玉記事となり、読者から絶大な尊敬を集めていった。

　1969年春にポールとスザンヌ夫妻を日本に招き、鈴鹿サーキットを舞台に「ポール・フレール・レーシングスクール」を開催した。午前中は座学、午後は足回りを固めダンロップG5を履かせたホンダS800によるサーキットでのマン・ツー・マンのレッスンを2週間にわたって続け、その記事は1969年6月号に発表された。

　CGの巻頭で連載されたポール・フレールの「from Europe」というコラムは、訳者にとって毎月書店でCGを買い真っ先に読み始める記事だった。日本の自動車雑誌でCGが最も高いプレステージを誇る雑誌として自動車愛好家から愛読されていたのには、ポール・フレールによるハイクオリティな記事によるところが大きかったといえよう。

　1992年にポール・フレールが『Competition Driving』を大幅に改訂した『Sports car and Competition Driving』を出版すると二玄社から『新ハイスピード・ドライビング』として1993年末に出版され、この本は今でも新刊として書店で購入が可能である。

　2008年2月23日にポール・フレールが逝去するとCG 2008年4月号で「from Europe」が終了し、2008年5月号に「ポール・フレールを偲ぶ」という8ページの特集記事が組まれ小林彰太郎氏とジョン・ラム氏による追悼記事とともにジャーナリストの山口京一氏、マツダでRX-7の開発主査を務めた小早川隆治氏、元本田技術研究所の武田秀夫氏、横浜ゴムの斉藤新吉氏、元本田技研工業社長の川本信彦氏、ポルシェAG社長ヴィンデリン・ヴィーデキング氏、フェラーリS.P.A.社長ルカ・ディ・モンテゼーモロ氏がこの号で偉大なジャーナリスト、ポール・フレールの思い出を綴った。

　2009年には別冊CGとして『ポール フレールの世界「世界一速かった紳士の生涯」』という追悼号が出版された。元々グラフィックデザイナーであったセルジュ・デュボアはこの日本語で書かれた本を読むことはできなかったが、掲載された写真や巧みなグラフィックデザインは彼にインスパイアを与えこの本を書く動機付けとなった。巻末の謝辞にも取り上げているほどである。この本は、アマゾン.comでも購入可能であり、本書の読者には、是非読むことを勧めたい。

ポール・フレールへ捧ぐ
クロード・F・サージ

Interview - Claude Sage - 40 ans de passion Honda

1961年、私がトリノの展示会に赴くように要請されたのは、スイスの首都ベルンに会社があった雑誌『レビュー・オートモビル』の編集部に加わって少し経ったころだった。

カロッツェリア・ピニンファリーナが開いたパーティに、その業界とは何の付き合いもなかったが招待を受け、写真家のベルナール・カイエからフランス語圏のジャーナリストの輪に加わるように言われた。もし私の記憶が間違っていなければ、これがポール・フレールとの最初の出会いだった。

彼は既にレーシングドライバーとしてもそのほかの活動でも名が知られていたが、レーシングスポーツカーでの成功、シングルシーターマシンのハンドルを握っての勝利、そしてオリビエ・ジャンドビアンと共にル・マン24時間レースで勝利を収めたことで絶大な敬意を払われていた。

ポールが話す見解はその後も役に立つ永久の教訓であった。彼が参加したレースの分析も、彼に託されたテストカーに対する意見も黄金に値した。マスコミが彼の意見を懇願することも稀ではなかった。

私がスクーデリア・フィリピネッティに加わり、モンツァのサーキットでドライバーを数人選抜することになったとき、伯楽として白羽の矢が立ったのはポール・フレールだった。彼はレーシングカー、スポーツカー、GTカーにおいての経験を、冷静に、また絶妙な技で、チームのほかのドライバーへ伝授した。

1964年の年末、ブリュッセルで私は名誉にもジャック・イクスの手からポール・フレールトロフィをいただいた。そして1974年にスイスにおけるホンダ車のインポーターとなってからはポールのアドバイスを受け続けた。

私達は、ホンダ車のテストを行うために何度も訪日した。技術研究所からホンダS2000のヨーロッパ版開発テストの任務を受けたとき、私が専門家としての助けを求めたのはやはりポールであった。彼の経験のおかげで、ホンダS2000を決して譲歩することのないスポーツカーへと、当時の川本信彦社長の望みどおりの方向へ進展させることができた。

ポールは、ニュルブルクリンクからの帰路での信じられないような事故に遭うまでホンダとの共同研究を続けた。この事故で彼は健康を害し、以前のオートバイでの事故が原因だった身体上の問題がさらに深刻になった。

公正で誠実な男、名ドライバーで優れた心理学者であるポール・フレールはジャーナリズムにおいても自動車競技においても模範であったし、これからもあり続けるだろう。

詳しくはHONDAのWebサイトへ

「Good Job!」の言葉は、大きな勲章
ムーンクラフト株式会社　由良拓也

　1980年代後半ヤマハ発動機は、OX99-11というF1と同じV12気筒エンジンを搭載した究極のロードゴーイングレーシングカーコンセプトのクルマを開発していました。バブル真っ只中の当時「ロードゴーイング・フォーミュラワン」を目指したそれは、究極のエアロダイナミクスを纏ったセンターシート、カーボンモノコック、アルミボディーのスーパーカーでした。

　私は当時、開発のコンセプトデザインからスタイリングのチーフデザイナーとして、このプロジェクトに参加しており、試作車両の開発テストも大詰めの1992年の春、P.フレールさんに英国のMillbrook proving ground にてOX99-11をテストドライブしていただき、テスト後に彼から送られてきた詳細なレポートを読むことができました。

　それは、緻密で詳細なコメントで、内容はテストコンディションに始まり、エンジン、トランスミッション、クラッチ、ステアリング、ハンドリング、サスペンション、ブレーキ、ドライビングポジション、騒音、総合性能と11項目にわたるコメントをレポートしたもので、「おお、これこそがプロのコメントだ!」と感激したことを思い出します。

　原文ではないのが残念なのですが、ここにP.フレールさんのレポートを紹介してみたいと思います。

YAMAHA OX99-11
Millbrook proving ground
テスト走行レポート

テストコンディション
　走行はハンドリングテストコースと、高速周回路およびマウンテンコースにて行った。天候は曇天でかなりの強風が吹いていたが、コースは乾燥し外気温は10～12℃であった。

エンジン
　リッター当たり100馬力を優に超える出力を発揮するエンジンとしては、驚くほど従順である。フレキシビリティーに富み、パワーの盛り上がりは急変せず、許容された回転数の上限である10000～10500rpmまでスムーズに回った。

トランスミッション
　エンジンの持つ充分なフレキシビリティーを考えると、低い段数のギヤ比が低すぎるように思われる。マウンテンコースの中で最もタイトなコーナーですら、使用した最も低いギヤはサードであり、ローを使っても得るものはほとんどないであろう。6速のギヤ比はかなり高いのだが（高速周回路で8700rpm）、それより低いギヤはすべてギヤ比を高めた方が有利であると思われる。高速周回路では風のために最高速がかなり損なわれたことを考慮して見積もると、条件の良い日なら直線で9300～9400rpmに達し、これは6速がオーバードライブになっていることを意味する。ただし、このことが望ましいかどうかは、私が決めるべきことではないであろう。ギヤセレクトはかなり難しく、5-6速の間のミスセレクトを防止するスプリング荷重は、あまりに強すぎる。シフトゲートの各ギヤのポジションは、もっと精度を持って決まるべきである。

ヤマハOX99-11

ステアリング

横力が大きいときのステアリングは、純粋なレーシングカーにとってすら、あまりにも重過ぎると思われる。高速での直進安定性さえ悪化しなければ、キャスターを減らすことでおそらく改善可能であろう。また、ステアリングのギヤ比を若干落としてもOX99の持つレーシングカー的な性格が損なわれることはあまりないと思われる。荒れた路面上でのキックバックはかなり強いが、これはたぶん幅広のフロントタイヤに起因するキングピンオフセットによって避けがたいものであろう。実際、レーシングカーの中にもこれよりもっと酷いものがある。

ハンドリング

この車両は、うまくバランスが取れていて、良好な安定性が得られる程度にアンダーステアで、不用意なパワースライドが発生することもなく、駆動力をかけてコーナーから立ち上がることが可能である。直線での安定性はレーシングカーの水準で見ても良好で、高速周回路の凹凸にも、かなりの強風にも車両挙動はあまり影響されなかった。鋭角コーナーへの"ターンイン"は、例えば最近運転したマツダ787のル・マン仕様車ほどにはクイックでもアグレッシブでもなくて、どちらかといえばポルシェ962Cを思わせるものである。ほんの少しターンインでの動きをシャープにするとさらに良くなると思うが、この車両の俊敏性は、軽量で慣性モーメントが小さく、ステアリングがハイギヤードであることから非常に良好である。ハンドリングコースでは、本当の意味で高速コーナーと呼べるものはなかったので、私は次善の策を試した。即ち、高速周回路の下の方のレーンを高速走行した。そこならば、とても安全で確実であると感じられたからである。このとき、前後輪にかかるダウンフォースの比は大きくなさそうな徴候を示したが、安定性はバンク角により明確な影響を受けるので、そうであると性急に決めつけてはいけない。

サスペンション

スプリングとダンパーのレートは、公道走行で要求されるレベルと、ターゲットとしている"レーシングカーのフィーリング"との間の、絶妙な妥協点を突いていると思う。確かにレーシングサーキットで

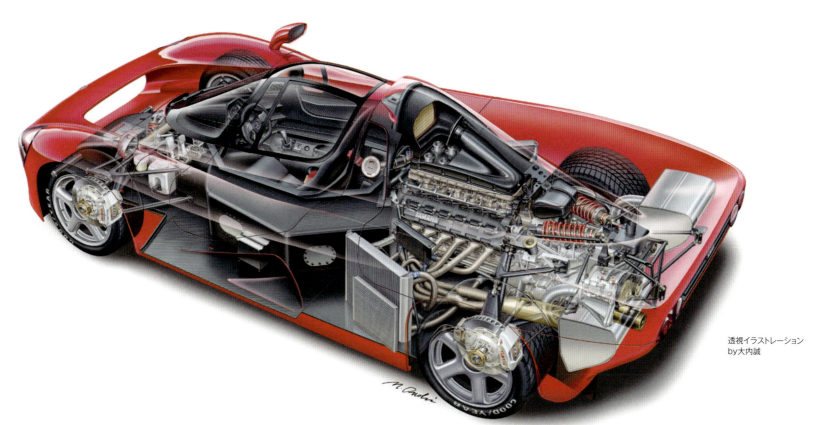

透視イラストレーション
by 大内誠

は、低い地上高と組み合わされた硬いセッティングが有利であるが、それでは一般の路面では扱い難く、グリップが急に失われるようになってしまう。しかし、"公道仕様"と、クローズドサーキットのみで自分のクルマを楽しむという顧客向けの"サーキット仕様"とを選択できるように提供するというのも良い考えかもしれない。やはりその場合オプションには、レーシングタイヤが含まれるべきであろう。

ブレーキ

フィーリングの面でも性能の面でも、このクルマのブレーキはレーシングカーのそれそのものである。強い踏み込みを必要とはするものの、効きは非常に良好でコントロール性も素晴らしい。シャープにブレーキをかけると車両が軽く振られる傾向はあるが、レーシングカーが通常示す挙動以上のものではなく、たぶんフロントのキングピンオフセットが大きいことが主因となっているのであろう。ブレーキペダルの踏力があまりに重過ぎると感じる人もおそらくいるであろうが、レーシングカーのフィーリングを望むのであるなら我慢しなければならない。

ドライビングポジション

ドライビングポジションは優秀で、シートの調整代が大きいので、ほとんどの人が良好なポジションを見つけることができるだろう。センターにドライバーが着座するのは、とても気持ちが良く、車両の幅を実際より狭く感じさせる。卓越した特徴として、有用な範囲において、視界がウインドスクリーンのピラーによって一切遮られないということがあげられる。ペダルの配置は完璧である。

騒音

エンジンが車体構造にリジッドに結合されているのですべてのメカニカルノイズがまるで電信で伝えられているかのようにコクピット内に伝達され、エンジン自体は非常に滑らかに回っているにもかかわらず、車内騒音は私の知っているほかのどのロードゴーイングカーよりもやかましい。ほんの短い距離を走る場合以外は、耳栓は絶対の必需品である。

性能

現行のグループCカーのレベルまでは到達していないとはいうものの、OX99-11の性能は、ロードカーとしては素晴らしく卓越したものである。ただし、フェラーリF40に対しては、勝っているにしても、それは実質的に意味のある程の差ではないように思える。発進・停止が繰り返される交通状況で運転するには、クラッチがはるかに軽いのでフェラーリより楽なクルマであるが、それ以外の状況ではF40は、楽に運転できるように妥協されており、特にステアリングにはそのための考慮がなされている。つまり、F40のステアリングの方が、ずっとギヤ比が低くてセルフアライニングトルクもかなり小さく、速度を上げると軽くなるのである。しかしその分、ハイスピードでの安心感はフェラーリF40の方が劣る。

OX99-11は、私がこれまで運転したなかで、確実に最もピュアレーシングカーに近いロードカーである!!

1992年3月22日

ポール・フレール

これを読んで、彼が経験豊かなレーシングドライバーにして、クルマのエンジニアリングにも卓越した知識を持ったエンジニアでもあることがあらためて良く分かりました。レポートの締めコメントが「OX99-11は、私がこれまで運転したなかで、確実に最もピュアレーシングカーに近いロードカーである!!」と、まさに我々が目指したクルマ「ロードゴーイングレーシングカー」を言い得たコメントをいただき、大いに感激したのを昨日のことのように思い出します。

そして、1992年5月にロンドンで開かれたOX99-11の発表会の会場でP.フレールさんにお目にかかることができ、そこで彼は私に握手をしながら「Good Job!」と言ってウインクしてくれたのは、昨日のような鮮明な記憶です。

しばらくして、カーグラフィック誌1993年1月号に掲載されたP.フレールさんによるOX99-11のロードインプレッションを読むと、その後開発の進んだ試作車のフィーリングは大幅に改善されており、彼のこのレポートがYAMAHAの開発陣に大きな影響を与えていたことがよく分かり、興味深いものとなりました。

ムーンクラフト株式会社

由良拓也

ホンダは、ポールを導師として考えていた。彼は、NSXとそれに装着されたヨコハマタイヤの開発に積極的な役割を果たした。下の写真は茂木のツインリンク・サーキットでの写真である。右は、鈴鹿サーキットで1997年に行われたラ・フェスタNSXでの写真。

下：1969年ポールは、有名なカーグラフィック誌の招待で彼が熱愛したこの小さなホンダS800に乗ってドライビング講習会を開くために初めて日本へ旅行した。彼はこの訪問の際に本田宗一郎と会った。

ポール・フレール氏の思い出
元Honda NSX、S2000開発リーダー　上原 繁

NSX開発責任者
上原繁さんインタビュー

　「ベストハンドリングカー」、私がポール・フレール氏からかけてもらった最初の言葉であった。1989年11月、開発が完了したばかりのNSXのプロトタイプに、ニュルブルクリンク・ノルトシュライフェ(オールドコース)で試乗してもらったときのことである。完成したNSXに、世界的ジャーナリストはどんな評価を下すのか気を揉んでいたところ、この一言はLPL(開発総責任者)であった私とチームに大きな安心と力をもたらした。とてもスムーズなドライビングで無駄なステアリング操作は一切せず、200km/hを超えるハイスピードコーナーを、最小の舵角で駆け抜ける。脇に乗った私はそのなめらかな運転操作にうなった。それがきっかけとなり、お付き合いをさせていただくようになった。その中のエピソードから、ポール・フレール氏の人となりの一片を紹介できたらと思う。

　1997年秋、毎年鈴鹿サーキットで行われているNSXの祭典「NSXフェスタ」にポール・フレール氏をゲストとしてお招きした。氏は、1日目のグランプリコースのフリー走行プログラムに、NSXオーナーの人達に混ざって参加されていた。ところが数ラップして車から降りてくるなり、「私の車を追い越していく者がいる」とたいそうご立腹の様子。走行前に、「先生を追い越す人なんていませんよ、NSXオーナーはみんなジェントルですし、そんな腕を持った人はいませんから」と私からお話してあった。しかし、氏の乗った3.2リッタータイプSゼロは、次から次へとオーナーに追い越されていく。なんと広報部所有のその車には、180km/hのスピードリミッターが入っていて、きっちり仕事をしていたのだ。かつての、F1ドライバー、ル・マンの覇者にとって、これは許し難い事態であり、耐え難い屈辱であった。そもそも、氏の辞書には、追い越されるという文字はない。すぐにお詫びをしたが、代わりの車といっても「リミッターなし」は簡単には用意できない。仕方なく、気心の知れたユーザーに頼んでタイプRを借り、翌朝のフリー走行で乗ってもらうことにした。翌日、走行を終えた氏は、前日の鬱憤は晴れた様子で満足げにその車から降りてこられた。ポール・フレール氏は穏和だが、いつも本気で戦うたいそう負けず嫌いの人であった。フェスタの合間をぬって、当時、鈴鹿サーキットのボウリング場の下にあったコレクションホールを訪れ、2輪のグランプリレーサーや1960年代のホンダF1を前に、熱心になめるように見回していつまでも離れない姿は、あたかも一人の自動車好きの少年のように映り、ドライビングだけでなく、メカニズムや、歴史、文化など、自動車を心底愛する紳士であり、素晴らしいエンスージアストであると強く印象に残った。

場所は変わって、1999年、S2000汎ヨーロッパ試乗会のときのこと。ホンダは、欧州のジャーナリストにS2000を紹介する発表試乗会を、地中海に面した南フランスの港町、サントロペで開催していた。ニースの自宅から一人でぶらりとやってきてくれたポール・フレール氏は、S2000の開発で時々アドバイスをもらっていたこともあったが、ホテルのエントランス前に駐車した発表試乗車を感慨深げに眺めていた。モーターサイクルのように回るエンジンと、しっかりしたオープンボディーを気に入ってくれていたようだった。一通り説明を聞いた後、氏は試乗コースを案内してやろうと言って、私をアシスタント席に乗せホテルを出発した。地中海から少し登った南プロヴァンスの山道は、氏のテストコースになっているらしい。

早速オープンにして、いつもの快調なスピードで走り出す。ショートストロークの6速ギヤを駆使し、コーナーの縁石をアウトインアウトでかすめ、ぎりぎりのスピードで迫っていく。まるで獲物を狙う猛禽類のようだ。ワインディングを攻めた後、ニースを見下ろす小高い丘に車を止め一息入れた。地中海はきらきらと輝き、吹き上げてくる5月の風は爽やかだった。ワインディングを下り、車をニースに向けて走らせ、ちょっと案内してやろうと街中に入っていった。ローマ時代の遺跡や有名人の別荘など、氏の指さしでのガイドは楽しく、街は降り注ぐ太陽と人で一杯だった。ところが、海岸通りに出て少し入ったところで路地をぐるぐる回り出した。落ち着きがなくどうも様子が怪しい。そしてついに、「地図がグラブボックスに入っているはずだが読めるか」、とアシスタント席に座る私の手を求めてきた。ここは、氏の住んでいる街の近く、地理には明るいはずなのだが、さすがの名ドライバーもここの土地勘には、少し不得手とするところがあったのかもしれない。それにもかかわらず案内をしてくれる優しさ、ホスピタリティーは、氏の人柄を彷彿とさせるものであり、アシスタント席の私はワインディングコースの紹介を兼ねたテストドライブとこのニースの案内に、氏の温かい心遣いと人間的な一面を感じ取ることができ、ほのぼのとした親しみを覚えた。それにしても、世界屈指のジャーナリストのエスコートで過ごした何とも贅沢な時間であった。

最後にお会いしたのは2002年の春、二代目NSXタイプRの取材でツインリンクもてぎに来られたときである。モーターサイクル事故の後で、松葉杖をついての来日であった。心配したが、コックピットに収まるや鋭い眼光が戻ってきていた。雨上がりの東コースをたいそうなペースで走り、車への厳しいチェックを行いながらいつまでも周回を重ねドライビングを楽しむ穏やかで優しい紳士の姿が、今でも私の目に焼き付いている。

私の知るポール・フレール氏は、的確で曇りのない評論、飛び抜けた運転テクニック、メカニズムへの深い造詣、エンスージアスト、誰にでも優しく、負けず嫌い、そしてチャーミングな心を持った紳士であった。

その偉大な紳士と、一時ふれあう機会を持てた私は、実に幸運な存在であった。

オーレリー・リッツラーによる追悼
(ホンダフランスの広報マネージャー)

親愛なるポール
あなたのお気に入りの南フランスの道でホンダ・シビック Type Rをエンジニアの秋本治氏と一緒にテストしたとき私は同行させてもらいました。バックミラーに映ったあなたの青い瞳とステアリングホイールを踊るように回すあなたの腕のことを私はいつも思い出します。私は後部座席に座っていましたが私を揺さぶらないと約束してくれて……！ 私はいろいろなドライブを経験しましたが、あのファンタスティックなドライブを決して忘れることはないでしょう。

あなたとご家族にとって、この5年間はレースカーがサーキットでほんのわずかの間ピットストップするようなもので、再びより良い方向へと出発していくように願っています。そうすれば皆さんがいつもあなたの幸運な星の下に暮らしていけることになるはずです。

マニクーサーキットにて、スザンヌ夫人、ポール・フレール、オーレリー・リッツラー。

Honda S800

シビックType Rを南フランスでテストした時のスクラップブックより。

詳しくはHondaのWebサイトへ
https://web.archive.org/web/20151025044344/http://www.honda.co.jp/sportscar/spirit/pf/
にアクセスしてください。

Sportscar web TOP > spirit TOP

世界で最も信頼されたモータージャーナリスト
ポール・フレール氏 追悼。

2008年3月23日、Hondaのスポーツカーを愛し
NSXやS2000をはじめとするHonda車の開発に多大なる
貢献を果たされたポール・フレール氏が永眠された。

享年91歳。同氏を語る最もふさわしいプロフィールは
"世界で最も尊敬され、信頼されたモータージャーナリスト"であろう。
まさにジャーナリストとして最高の称号といえる。
フェラーリV12 TR59/60で1960年のル・マン優勝。
F1でも表彰台に登る活躍を果たしている。
その経験にもとづく高いスキル、卓越した記憶力、深い洞察力と
尽きることのない好奇心、ジェントルマンであり温かなハートをあわせ持つ
氏の評論は、読む者を感動させるばかりでなく、深い示唆に富む。
Hondaはもちろん、日本の自動車の発展に氏の評論は多大な貢献を果たした。

HONDA Webサイトより転記

HondaのWebサイトにて以下のポール・フレール氏の文章が読めます。

ポール・フレール氏 寄稿原稿

Hondaについて

▶ ポール・フレールの「Me and Honda」
半世紀にわたるポール・フレール氏とHondaとの思い出

▶ 大いなる軌跡/贈る言葉
NSXとS2000の開発責任者、退職された上原繁氏への言葉

▶ Honda先進のテクノロジー
数々の先進技術を生みだしてきたHondaについての印象

▶ Honeダヨーロッパ40周年記念イベントでの楽しい体験
記念イベントで、さまざまな"Honda"に触れた喜びをレポート

▶ スイスの熱きHondaマン
元HondaスイスHondaサージ氏がHondaへの想いをポール・フレール氏と語る

▶ 東京モーターショーでHSCについて語る
2003年に出展された次世代ピュア・スポーツHSCの印象（文と映像）

NSXについて

▶ 世界のスポーツカーを変えたNSX
NSX Press vol.31 ポール・フレール氏のNSXに関する寄稿文のサマリー

▶ Taste of R　R評伝
NSX Press vol.12 ニュルブルクリンクでの初代NSX-Rインプレッション

▶ Rへの期待
NSX-Rプロトタイプをツインリンクもてぎでテスト走行させて語った期待

▶ Taste of New R
NSX Press vol.28 2代目NSX-Rについての寄稿

▶ ポール・フレール氏がNSX Pressに寄せたNSX-R原稿の全文
NSXへの想い、2代目NSX-Rプロトタイプ テスト走行時の印象

▶ Yes,New NSX 「NSXの進化は人生最大の喜びのひとつ」
東京モーターショーに展示された2代目NSX-Rプロトタイプを見て

▶ ヨーロッパ1000kmの旅 NSXで過ごした至福の時間
2003年、NSXタイプTのロングドライブ紀行

S2000について

▶ ホンダ・スポーツ (発売記念ブック)
デビューしたS2000の価値、走りについての詳細なインプレッション

スポーツカーの世界について

▶ SPORTS CARS, MY LIFE AND MY DREAMS
ポール・フレール氏の夢のスポーツカーライフ

▶ あるベルギー人のHondaエンスージャスト物語
ポール・フレール氏の義理の息子ルーク氏によるHonda車のレストア物語

▶ 海を渡ったHonda 1300
日本のエンスージャストがHonda1300をルーク氏へ贈る心温まるストーリー

▶ 耐久レースとスポーツカー
耐久レースとスポーツカーのかかわりについて、Hondaへのエール

年譜

© André Van Bever

ポール・フレールは、ジャルメーン・シンプと卓越した経済学者であったモーリス・フレールの息子として1917年1月30日にフランスのルアーヴルで生れた。重要な経済使節として転勤を続けた父親と共にポールは少年期をフランスとドイツで過ごした後、ウィーンで中等学校を卒業した。

1936年、彼はブリュッセルにある名門のソルヴェ大学商業学部に入学し1940年に土木工学士の学位を得て卒業した。当時、彼は自動車に熱中し始めていた。彼の卒業論文のテーマは「内燃機関における効率に影響を与える燃焼室の形状」だった。

1942年、ポールはベルギー4輪および2輪工業連盟(Febiac)の事務局を手伝うことになった。1947年から1952年までは、アントワープにあったジャガーやゼネラルモーターの車をヨーロッパに輸入するカイザー＝フレイザー社で働いた。付け加えると1950年から1954年まで彼はアンデルレヒトにあった州立技術学校で自動車工学の授業を受けた。彼は、大成したスポーツマンでもあり、1945年から1947年にかけて5回もベルギー漕艇選手権で勝ち、1947年にはヨーロッパ漕艇選手権でベルギー代表に選ばれた。

彼のモータースポーツへの情熱は、1946年モーターサイクルのイベントにフレポー(Frepau)という偽名で参加することで確固たるものになった。1948年に彼はレーシングドライバーとしてキャリアをスタートしたが、彼がドライブしたのは、HWM、ゴルディーニ、ポルシェ、アストンマーチン、フェラーリのような名声を持ったチームのマシンだった。

1945年に彼はジャーナリストとして働き始め、その結果多くの記事や本がいくつもの言語に翻訳された。1962年から1980年まで彼はベルギージャーナリスト協会(A.J.B.A.)の会長を務め、1970年から1980年まで「カー・オブ・ジ・イヤー」の選考委員長だった。また、1978年から1987年までドイツのZTVテレビ局で「Der Autotest」という番組の司会をしていた。

晩年の彼はアメリカの『Road & Track』誌のヨーロッパ編集者として働き、『Moniteur Automobile』誌や日本の『Car Graphic』誌そして韓国の『Vision』誌に寄稿した。1993年、彼はイギリスのモータリングライター・ギルドの副会長に選ばれた。

さらに付け加えるとポールは、1964年から1968年までベルギーの自動車エンジニアリング会社の副社長として働いた。1972年から1984年まではFISA(Fédération Internationale du Sport Automobile)の副会長だった。彼は世界的に知られた自動車の世界の専門家であり、ヨーロッパや日本、アメリカの複数の自動車会社のコンサルタントも務めた。

1994年モナコ自動車クラブ会長のミシェル・ボエリ氏と、モンテカルロ・ラリーとモナコのF1グランプリを始めたアンソニー・ノゲの甥であるジル・ノゲという有力者の手助けによりポールと妻のスザンヌは、モナコ公国の住民となった。

　彼は晩年の2006年9月、ニュルブルクリンク近くでの大きな交通事故によりハンディキャップを負ってしまった。ホンダ・シビックType Rのテストを終えたポールは、帰路サーキットの出口で他の車と衝突事故を起こしてしまった。彼は89歳だった。彼は車の中から救い出されてフランクフルト近くの病院に急送された。医師は肋骨が7本骨折、骨盤骨折、脳震盪と肺が穿孔を起こしていると診断した。その年齢で回復したのは奇跡だった。それより5年前にニース近くのモワイヨンヌ・コルニッシュで大きなモーターサイクルの事故を起こしていた。彼はそのときに言った。「何があっても私を止めることはできないよ、私はまだ前みたいに手に負えないってことが分かっただろう!」

　彼は晩年モナコ公国に住んだ。2008年2月23日ニースで亡くなったが、そこは1976年に2番目の妻のスザンヌと結婚してからほぼ20年住んだヴァンスから数kmの場所だった。

　ポール・フレールへのオマージュとしてフランコルシャン・サーキットの第15番目のコーナー(それは、現在のコースと古い14kmのレイアウトをつなぐリンクとなっている)は、2008年のベルギー・グランプリで「ポール・フレール・カーブ」と名付けられることになり、彼の記念碑がパドックにアクセスするランプに建てられた。

2008年の秋、ポールの家族は、フランコルシャン・サーキットのレディヨンを訪れ、いつも彼が散骨することを望んでいた場所で彼の遺灰を撒いた。ポールの曾孫が曾祖父の跡を継ぎ始めている。

1998年、ポール・フレール、ルネ・ミルーとジャッキー・イクスは、フランコルシャンにあるベルギー王立自動車クラブの建物で叙勲された。

ポール・フレールの戦績

1948年	ベルギー24時間レース: 950 cc MGで、1100 cc クラス3位
1950年	量産車 GP (Spa): 750 cc パナール で小型車クラスの1位
1951年	量産車 CP (Spa): 750 cc パナール で小型車クラスの1位
1952年	量産車 GP (Spa): 4.9 リッター オールズモビルで ツーリングカークラスで1位
	国境GP (Chimay): 2リッター HWMで1位、ラップレコードを樹立
	ベルギーおよびヨーロッパGP: 2リッター HWMで5位
1953年	ミッレミリア: 5.3リッター クライスラーで2リッター以上のツーリングカークラスで1位
	アイフェルGP (Nürburgring): 2リッター HWMで2位
	量産車 GP (Spa): 5.3リッター クライスラーで1位
	ル・マン24時間レース: 1.5 リッター ポルシェで1500 ccクラス1位
1954年	量産車 GP (Spa): 1.9リッター アルファロメオで 2リッタークラス1位、5.3リッター クライスラーで2リッター以上のクラス1位
1955年	スパ GP: 2.9リッター アストンマーチン DB3Sで1位
	量産車 GP (Spa): 2リッター アルファロメオで2リッタークラス1位
	ル・マン24時間レース: 2.9リッター アストンマーチンDB3Sで総合2位 (3リッター クラス1位)
	ベルギー F1 GP: 2.5リッター フェラーリ・スーパー・スクアロで4位
1956年	ミッレミリア: 850 cc ルノー・ドーフィンで 1リッター ツーリングカークラス4位
	デイリーエキスプレス・トロフィ(Silverstone): 3.4リッター ジャガーでプロダクションカーレース 3位
	スパ GP: 2リッター フェラーリで2リッタークラス1位
	ベルギー F1 GP: 2.5リッター ランチア-フェラーリ D50で2位
	ランス12時間レース: 3.4リッター ジャガーD-Typeで2位
	ローマ GP: 2リッター フェラーリで2リッタークラス3位
	ツール・ド・フランス: 1.3リッター アルファロメオで総合7位と1.3リッタークラス2位
	セブリング12時間レース: 850 cc ルノー・ドーフィンで1リッター ツーリングカークラス3位
1957年	ミッレミリア: 850 cc ルノー・ドーフィンで1リッター ツーリングカークラス1位
	ランス12時間レース: 3リッター フェラーリ250 GTで1位
	ル・マン24時間レース: 3.4リッター ジャガーD-Typeで総合4位
1958年	ニュルブルクリンク 1000 km: 1.5リッター ポルシェで1.5リッタークラス2位
	スパ GP: 3.9リッター アストンマーチン DBR2で2位
	ル・マン24時間レース: 1.5リッター ポルシェ RSK 1.5でクラス1位 (総合4位)
	ランス12時間レース: 3リッター フェラーリ250 GTで1位
	レオポルドヴィル GP: 3リッター フェラーリ250 TRでラップレコード
1959年	ル・マン24時間レース: 2.9リッター アストンマーチン DBR1 で総合2位
	ツーリストトロフィ: 3リッター アストンマーチン DBR1で4位
1960年	南アフリカ GP: 1.5リッター クーパークライマックスで1位
	ブリュッセル GP: 1.5リッター クーパークライマックスで5位
	ニュルブルクリンク 1000 km: 1.6リッター ポルシェで1.6リッタークラス2位
	スパ GP: 1.6リッター ポルシェ RS60で1位
	ル・マン24時間レース: 3リッター フェラーリ250 TRで総合優勝

© Washington Photo

ポール・フレールによる著作

- La Croisière Minerva - Ed. JaRic 1954
- Le livre jaune de l'Equipe Nationale Belge
  Paul Frère et Victor Boin - Ed. JaRic 1955
- On the starting grid - Ed. Batsford 1957
- Les essais de Paul Frère
  (compte-rendus de tous les essais, de la 2 CV à la Bentley)
  Ed. Les Sports 1956, 1957, 1958 et 1959
- Irrésistibles moteurs - Ed. L'Automobile 1958
- Paul Frère's books
- Je conduis mieux - Ed. Marabout 1959
- Starting grid to chequered flag - Ed. Batsford 1962
- Sports cars & competition driving – Ed. Batsford 1964
- Au volant des Mercedes-Benz - Ed. IMA 1965
- Les 800 heures du Mans - Ed. Arts et Voyages 1967
- Bien conduire une voiture sport - Ed. Arts & Voyages 1968
- Livre d'or du salon de l'automobile, du motocycle et du cycle
  Philippe de Barsy & Paul Frère - Ed. E.P.E. 1970
- The racing Porsche, a technical triumph - Ed. P.S.L. 1973
- Porsche 911 Story – Ed. Haynes Publishing 1976
- Opel wheels to the world
  Paul Frère & Karl Ludvigsen - Ed. AQP 1979
- Porsche racing cars of the '70s - Ed. Arco 1981
- Mercedes-Benz C111 voitures expérimentales - Ed. Edito 1981
- Ferrari Daytona, Doug Nye & Paul Frère - Ed. EPA 1984
- Quattro sieg einer Idee, Paul Frère & Herbert Volker 1986
- Eternelles Porsche 911, le grand livre - Ed. EPA 1992
- My life full of cars - Haynes Publishing 2000
- Porsche Boxster Story - Haynes Publishing 2006
- Honda Civic Type R, Paul Frère, Jason Barlow,
  Werner Jessner & Stefan Warter - Ed. DK 2008

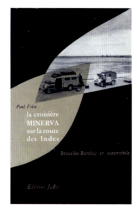
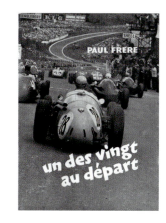
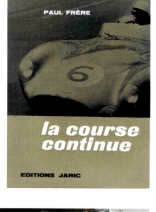

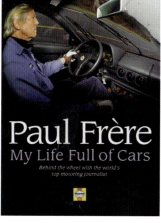

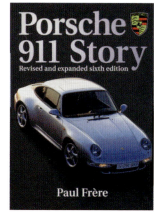
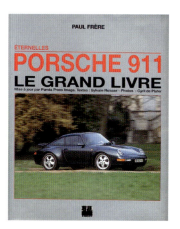

アロイス・ルーフによる賛辞
(ドイツの高性能車製造業者)

”非凡な人物であり、紳士であり、友人でした。”

ポール・フレールという名前を聞くと私は思春期の時代に引き戻される。彼をテレビで観ていた時、いつも私は彼に感銘を受けていました。加えるに彼は有名なレーシングドライバーだけでなく根っからのポルシェ愛好家だった。彼の著書『ポルシェ911ストーリー』を読んだ時にそう感じたのですが、この事は私が彼に会う前に共通の絆のようなものを感じさせたのは明らかでした。

彼がヨーロッパ版の編集者を勤めていたロード&トラック誌を私は毎号欠かさず読んでいた。この雑誌で、ポールはヨーロッパの編集者と呼ばれていたのです。

1984年の4月、私はロード&トラック誌の名前でかかってきたポールからの電話を受けた時、私は、あの有名な紳士が私に電話をかけてきたことが信じられなかった。後日、私はウォルフスブルクのVW社の側に在るエーラ・レッシェンというテストコースで行われた世界最速のクルマを決めるイベントに招待されたのです。

最初にフレール氏と顔を合わせた時、何という名誉なことだろうと私の心は誇らしい思いで一杯でした。その夜のディナーの時、フレール氏は私がテストのために持ってきたナローシャシーのルーフBTR 3.4に関して幾つかの質問をしたのです。彼の質問は技術的な面で的を得た質問でした。ジャーナリストではなくエンジニアとして話しているポール・フレールだったのです。紙ナプキンに絵を描きながら私達が開発した5速ギヤボックスのことを私は説明しました。彼は既にクルマのデザインを観ていたので、私達は非常に波長が合ったのです。次の日、ポールとフィル・ヒルがクルマをドライブして彼は306.4km/hに達したのです。それは記録でしたし、ポールは911で初めて300km/hを越えたのです。あの日から私達は親しい友人同士になりました。

ポールは非常に興味を持ってくれて、私達がやっていることをもっと知るためにプファッヘンハウゼンまで訪ねてきたのです。1987年、私達はエーラ・レッシェンで行われた2回目となる同じイベントに招待され、ポールが達成した339.8km/hで私達は再び世界最速の座を勝ち取ったのです。ポールは自分の掌に結果を書き写

*Aloïs Ruf bought Paul's last Porsche, the red 993.

1988年イエローバードに腰かけたポールとアロイス・ルーフ。

してまるで少年のような笑みを浮かべてました。彼は、計測機器の出した数字を完全には信じていなかったので、エンジニアとして彼は自分の時計でチェックしていました。

その瞬間は、ポールと私達にとってとても特別な時でした。彼は3年前と同じように300km/hの壁を破っただけでなく、その日ロード&トラック誌の編集者達によってイエローバードという洗礼名を与えられたルーフCTRの安定性に関してポールは非常にポジティブなコメントを書いてくれました。ポールはその後の数年間、何度も私達を訪問してくれました。

私は1997年1月30日だったと記憶しています。彼がCTRⅡのテストに来た日は彼の80歳の誕生日でした。私の妻のエストニアは、この特別なイベントを祝うために我が家でランチを準備していたのですが、彼はその配慮に感謝しつつも「皆さん、まずは仕事を片付けに行こう!」と言って、私達はCTRⅡに乗ってアウトバーンへと出かけました。私達は非常にすばやく335km/hを記録しました。そして私達はその最高速度でシャンペンのボトルを開けて彼の誕生日を祝ったのです。

2004年の秋、ポール・フレールへのオマージュのためにブリュッセルに招待されました。彼のキャリアに関係したクルマばかりが展示され、それがイエローバードがヘイゼルに運ばれてきた理由だったのです。私達の娘のアロイーザは僅か1歳で、CTRⅡの後部座席に載った彼女のためのベビー用シートを見たポールは、爆笑して言いました。「これはベビー用シートを備えながらも300km/h以上の速度で旅行ができる初めて見たクルマだよ。」

テストや会合で会う時は、それぞれ非常に特別な時でした。もし、あなたが彼の興味は自動車だけだと考えているならそれは間違っている。彼は、音楽やワインや食の楽しみ等に関しても話せすことができた。彼は音楽を愛していて、ある夜私達はオペラの歌曲を歌い始めたものでした。

彼は、人間的に非常に優れた紳士であり友だったのです。私は彼と友になれたことを永遠に誇るでしょう。

謝辞

著者は、ポール・フレールを自動車の世界におけるレジェンドとしての記憶を不朽のものとするこの本を出版することを助けてくれたすべての人々に感謝したい。

特に、エチエンヌ・ヴィザール、ポールと親しい関係で30年以上も疲れも見せずに働いたモニター・オートモビル誌の元編集長である彼は、私の計画を最初から応援してくれてポールとつながりを持った多くの人々を紹介してくれた。

ピエール・デュドネ、ドライバーにしてジャーナリストでありポールの精神的な息子であった。ピエールにとってポールは、主人であり友人であり、彼の父ジャンとポールは少年時代からの友人同士だったのだ。彼は私の本の序文を書くことを即決で同意してくれた。

クリストフ・ガーシュト、インターナショナルなモータースポーツに関する博識な歴史家で、彼はこの本を書くために彼の住所録を使わせてくれ、私にタイムリーなアドバイスをくれていつも私を勇気づけてくれた。

ジャン=リュック・ド・クラエ、2004年にヘイゼル・スタジアムで開催されたポール・フレールに素晴らしいオマージュを捧げたブリュッセル・レトロ・フェスティバルの主催者だった。彼は、ベネディクト派の修道僧のような根気で私の書いた全文章を読み直してどんな小さな間違いも直してくれた。ポールもきっと賞賛してくれるだろうと私は確信している。

小早川"コビー"隆治、マツダの技術主査を務めた後にジャーナリストに転じた。彼はポールの偉大な友人であり、私に彼が撮ったポールの写真や彼が書いた記事をすべて使うことを許可してくれた。

フレディ・ルセル、ENBにおけるポールの義理堅いチームメイトであった元レーシングドライバーである。彼は、ポールと共に過ごした日々の精神的なつながりに関して教えてくれた。

河村　昭、彼は、2009年に完全にポール・フレールに捧げられた150ページもの別冊カーグラフィック「世界一速かった紳士の生涯、ポール フレールの世界」を編集した。彼は親切にもこの号の記事の中から私の本のために引用させてくれた。

ニコル・エンゲルベール、彼女は亡き夫のアンドレ・ヴァン・ベヴァルが撮影した写真を表紙に使わせてくれた。

翻訳者デイヴィッド・ワルドロン、彼は、自動車の世界に関する微妙なニュアンスを理解し、私の書いたフランス語の文章を英語に翻訳してくれた。

クリスティーヌ・ベッカー、ベルギーの有能な元ドライバーで、ポールとは子弟関係にありポールの称賛者であった。ポールによるドライビングの科学を長い時間をかけて解説してくれた。

ウルフガング・ウルリッヒ博士、20年もの間アウディの競技部門のボスを務め、ポールの偉大な称賛者である。私が彼に賛辞を書くことを依頼したとき、即時にイエスと言ってくれた。

写真のクレジット

この本の中に使われた写真のほとんどは著作権が確認されている。しかし、いくつかは撮影者が確認されていないものがある。もし、撮影者がそれに気づいたら、著者に連絡を取られたい。

著者

1954年生まれのベルギー人、セルジュ・デュボアは、広告の世界でアーティストとして訓練を受け、その後ジャーナリストそして作家となった。彼の若いときに持っていたモータースポーツへの情熱は、長い間の夢であった作家となることによってほとんど突然に再浮上することになった。彼の著作となった初めての2冊、2010年の『Les Seigneurs de la Piste』と2013年の『Pilotes des Sixties』は、ドライバーがまだ大衆、すなわち若者にとって英雄であった栄光の時代にクルマの熱烈な愛好者だった人たちの心に火をつけた。

「1973年、ポール・フレールは、私をベルギー・グランプリに招待してくれました。そのころ、私はドライバーのポートレートをガッシュという不透明な水彩画絵の具で描いていたのです。ポールは、私がエマーソン・フィッティパルディを描いた絵を買ってくれ、グランプリが終わってからエマーソンのモーターホームで彼に贈呈しようと私を招いてくれたのです。私はまだ19歳で、ポールのとてもやさしい気持ちが忘れられない記憶として残っています。ポールは、その時をフィルムの上に永遠に残すために自分でシャッターを押してくれたのです」

2014年1月著者と一緒に仕事をする次女のマルティン・フレール

私は特に、私の少年時代の友人だったポールの甥であるルイ・フレールに感謝したい。彼は、この野心的でエキサイティングなプロジェクトに関するインスピレーションを与えてくれた。彼の父親でポールの弟であるジャン・フレールの2人で、私に多大なサポートを与えてくれた。ポールの次女であるマルティン・フレールと彼女の夫のリュックは、何度も私を彼らの家に招いてくれて家族のアーカイブを調べることを許してくれた。彼女の姉のマリアンヌ、妹のニコールと彼女の夫のヨハンと彼らの子供達は、この偉大な冒険を出発したときから信頼してくれた。

　特に後者の中で、ポールの個人的なアルバムを貸してくれたアルノー・タケットに特別な感謝の意を表したい。彼はポールの孫にして「記録の金庫番」であるのだ。

セルジュ・デュボア
2014年1月

ポールが甥っ子たちに、自動車とはどんな物かを説明している。

訳者あとがき

「袖振り合うも多生の縁」ということわざがあるが、私が、この本の翻訳を引き受ける事になったのは、本の間にはさんだままになっていて撮られた事も忘れていたポラロイド写真を全くの偶然に発見したのが縁であった。

ポール・フレール先生と私が並んで写っていたその写真は、1997年秋に鈴鹿サーキットで行われた「ラ・フェスタNSX」でのパーティでお会いした先生との記念であった。私は、NSXのオーナーではないが、同日に開催されていた「ホンダ・スポーツ・ミーティング」に参加していて、同じ建物の中で行われていたNSXのパーティに誘われた時に撮られた写真だった。

私の記憶の中に残っていたその同じ日に鈴鹿サーキットの元ボーリング場で展示されていたホンダコレクションに並んだホンダのF1マシン等を撮影していたら、上原繁LPLに引率されたポール・フレール先生御一行が来られ、先生がRA271に乗り込んで喜々とされていたお姿を私が撮影したカラースライドの事を思い出した。倉庫に仕舞った膨大なスライドの中から数枚を見つけ出し、それからJPEGファイルを作った。ベルギーのホンダS800クラブの友人から先生の娘婿のリュック・ド・プリンス氏のメールアドレスを教えて貰って、メールに添付してそのJPEGファイルを送ったのだった。

その日の内に返事が来て、私の住所を聞いてきた。私の住所を送ると、航空便で送られてきたのが、完成したばかりの英語版のこの本であった。今まで見た事がない写真を数多く含まれたこの本を少し読んでみたが、なかなかのマニアックな内容であった。数ヶ月後、アムステルダムからパリに行く途中にブリュッセル郊外に住むリュックさんと先生の次女のマルティンさんのお宅を訪問する事になり、その時に、この本を日本で出版し、日本におけるポール・フレール先生のファンに読んで欲しいと相談されたのであった。

私自身、若い時からの大ファンであったし、初めてお会いした1982年のル・マン24時間レースのマツダの昼食会で少しお話をさせていただいた時には、スーパースターと初めて会って舞い上がってしまった記憶がある。私自身、この本を日本語で読みたいと思う人間なので、その依頼を引き受けて帰国した。

その後、紆余曲折があって、先ずは私自身で翻訳してサンプルを作ってみなければ何も物事が進まないと感じ、本1冊全部を翻訳する事を決意して著者のセルジュ・デュボア氏に会って翻訳と日本語版の出版に関して話し合う事になったという次第である。

それから本業の医師の仕事が終わってからの時間を使って半年以上掛かったが、翻訳に取り組んだ時間は、苦しくもあり楽しい時であった。

ベルギーは、オランダ語系のフラマン語を話す北部のゲルマン系の人々とフランス語を話す南部のワロン系の人々、それに一部にはドイツ語を話す人々からなる国であり、原著はフランス語で書かれていた。翻訳に関しては、人名や地名をできるだけ元の発音に基づいてカタカナ表記する事に努めたが、フランス語系の人名や地名の表記に関しては、陣内マドレーヌ美深子、Lisa Hardon、Lieve Swinnen等の友人達それに娘のマリー裕季子の助けを借りて、200ヵ所以上の訂正を行った。一度出版されてしまうと、間違いを発見したり指摘されても修正するのは不可能だからだ。

ポール・フレール先生は、『いつもクルマがいた』という自叙伝を書かれている。何度も読ませていただいたが、この自叙伝にも書かれていなかったエピソードが満載されたこの本を書いた著者セルジュ・デュボア氏の努力に感嘆しながら翻訳を行うのは、喜びながらの行とでも言うべき日々であった。

翻訳していて、この記述は真実なのだろうか?と疑問に感じた事もある。例えば、1956年のミッレミリアにポールは850ccのルノー・ドーフィンで参加しているが、このドーフィンに5速ギヤボックスが使われていたという記述である。1957年のミッレミリアでも5速ギヤボックスの記述がある。1956年から生産が始まったドーフィンは縦置き3速ギヤボックス314が標準で、4速ギヤボックス316が使われたのは、1957年に登場したドーフィン・ゴルディーニからで、5速ギヤボックス353がルノーの生産車に用いられたのは、1966年のR8ゴルディーニ1300からだった。いくらルノー公団のワークスチームでも1956年の時点で5速ギヤボックスを持っていたというのは、ポール・フレール大先生でも誤った記事を書いたのに違いないと私は思っていたのである。ニュージーランドで友人にこの疑問をぶつけてみたら、「ドーフィン用の5速ギヤボックスなら、この棚に在るよ!」と言って見せてくれたのが、イタリアのモデナに在るコロッティ社製のギヤボックスだった。疑いはこれで氷解したという次第である。オークランド郊外のこの謎のガレージには、マクラーレンM12のシャシーとトヨタ7の5リッターV8気筒エンジンが鎮座していた。

デュボア氏とメールをやり取りしながら、翻訳を続ける自分を鼓舞する言葉が浮かび、それを挨拶に使う事にした。映画「スターウォーズ」シリーズでの名台詞「May the Force be with you!(フォースの共にあらんことを!)」をもじって「May Paul be with us!(ポールと共にあらんことを!)」とお互いに送りあい、この翻訳は完成したのであった。

翻訳した第一稿を使ってパイロット版を作るにあたって山部美穂子・石井義光氏の協力で、前に進むことができた。

日本語版には、小林大樹氏のご厚意により、故小林彰太郎先生が、別冊CGポールフレールの世界「世界一速かった紳士の生涯」に書かれた賛辞を収録することができたし、上原繁氏、由良拓也氏、クロード・F・サージ氏から寄せられた賛辞を収録することができた。大内誠氏よりヤマハOX99-11の素晴らしい透視イラストレーションを提供していただいたことで、原著には無い付加価値を与えることができたと考えている。

本書で描かれた過去のレースやイベントをもっとビジュアルに感じるために、スマートフォンで文中のQRコードを撮影するとYouTubeの動画にジャンプする仕掛けを作ったし、リンクされたホンダのホームページで紹介されているポール・フレールの世界も楽しめるようなアイデアを盛り込んでいる。

紆余曲折を乗り越えて最後に本として完成させるまでに多大な協力をしていただいた田島安江、前原正広、小林謙一の三人に多謝したい。

2019年4月　宮野 滋

伝記 ポール・フレール
偉大なるレーシングカードライバー&ジャーナリストの生涯

2019年6月30日　初版発行　限定1000部

著　者　　セルジュ・デュボア

翻　訳　　宮野 滋

発行者　　宮野 滋

発行所　　有限会社 宮野ビル
　　　　　〒860-0848　熊本市中央区南坪井町3-7　宮野ビル5F
　　　　　TEL 096-352-9443

発売所　　グランプリ出版
　　　　　〒101-0051　東京都千代田区神田神保町1-32
　　　　　TEL 03-3295-0005　FAX 03-3291-4418

DTP　　山部 美穂子/前原デザイン室
編集　　システムクリエート
印刷・製本　　株式会社西日本新聞印刷

ⓒ2019 Printed in Japan
ISBN978-4-87687-365-4　C2053

※本書の一部あるいは写真などを無断で複写・複製(コピー)することは、法律で認められた場合を除き、著作者及び出版社の権利の侵害になります。個人使用以外の商業印刷、映像などに使用する場合はあらかじめ小社の版権管理部に許諾を求めてください。
落丁・乱丁本は、お取り替え致します。

1997年 秋

訳者略歴
宮野 滋（みやの・しげる）

1953年1月17日熊本市生まれ66歳。熊本市在住
1978年久留米大学医学部卒業
学生時代より自動車の世界に魅せられて、一時期CAR GRAPHICやCar Magazine誌にクラシックカーの記事や写真を発表していた。ギネスブックのイギリス一周燃費記録にチームを作って挑戦を続け、6枚の認定証を獲得して四冠達成。臨床医を続けながら、翻訳出版を行った。